黄土的改良及工程性质

张豫川　张森安　刘辰麟　姚永国　著

中国建材工业出版社

图书在版编目（CIP）数据

黄土的改良及工程性质/张豫川等著．--北京：
中国建材工业出版社，2023.7
ISBN 978-7-5160-3749-2

Ⅰ.①黄…　Ⅱ.①张…　Ⅲ.①筑路材料－黄土－土壤
改良－研究　Ⅳ.①S157.9 ②U414

中国国家版本馆 CIP 数据核字（2023）第 071122 号

黄土的改良及工程性质

HUANGTU DE GAILIANG JI GONGCHENG XINGZHI

张豫川　张森安　刘辰麟　姚永国　著

出版发行：中国建材工业出版社

地　　址：北京市海淀区三里河路 11 号

邮　　编：100831

经　　销：全国各地新华书店

印　　刷：北京印刷集团有限责任公司

开　　本：787mm×1092mm　1/16

印　　张：9

字　　数：210 千字

版　　次：2023 年 7 月第 1 版

印　　次：2023 年 7 月第 1 次

定　　价：48.00 元

前　言

黄土是黄土地区最主要的岩土工程材料，主要作为填方工程的填筑材料。交通领域中的公路路堤、边坡，建筑领域中的地基、场坪，城市建设中的削山造地、填沟固塬等，无一不涉及填筑施工及填料介质，而填料又是填筑效果最基本也是最本质的因素。黄土经压实后具有较高的强度和较低的渗透性，在承受荷载的同时也能起到一定的隔水作用，被广泛应用于各类填方工程中。但黄土颗粒组成以粉粒为主，黏土矿物含量较少，颗粒间的胶结性低，仅通过外力压实对黄土颗粒结构及其联结方式的改善程度有限，且黏聚力增长幅度低、稳定性较差，使得压实黄土的应用受到很大限制，不能很好适应现代建设工程对岩土工程材料的要求。对于分布广泛、物美价廉的黄土，因为某些性质达不到要求而放弃是可惜的，也是不合理的，而通过掺加掺合料来改善黄土的工程性质，更好满足工程要求，具有来源和成本上的优势，特别是利用工业废料对黄土进行改良，符合工程建设节约、环保和可持续发展的理念。故通过改良而使黄土成为更高级的填筑材料，是岩土工程材料的发展方向，也是广大科研、技术人员一直努力的方向。

源于工程实践中经常遇到有关压实黄土和改良黄土存在的问题与疑惑，以及对黄土改良相关领域的关注，作者多年来开展了一系列的研究工作，如对压实黄土、膨润土改良黄土、木质素磺酸钙改良黄土等科研项目的研究，该硕士研究生时对二灰钢渣改良黄土、木质素磺酸钙改良黄土和水泥改良黄土等改良土性质与改良效果的研究。本书正是基于这些已有的科研报告、硕士研究生毕业论文和工程经验，并总结国内外相关研究成果编写而成的。编写这本书，一方面是想将这些年对黄土改良方法及改良黄土工程性质的研究成果进行总结并与同行分享，以进一步提高并推动改良黄土研究及应用的发展；同时，本书尽量反映国内外改良土的新技术和新经验，为从事相关行业的工程技术人员提供一些学习资料和工程经验，以期有所裨益。

本书共十章，分两部分内容，第1～4章主要讲述黄土及压实黄土的特性，包括黄土体物理力学性质、压实黄土的性质及黄土改良的目的及意义。对黄土体、黄土基本概况的认识是后续黄土改良研究的基础。第5～10章着重研究了六种改良黄土，其中既有研究和应用比较成熟的石灰改良黄土、水泥改良黄土和石灰、粉煤灰改良黄土，也有研究和应用尚不是很成熟的石灰、粉煤灰和钢渣粉改良黄土、膨润土改良黄土及木质素磺酸钙改良黄土，分别从改良机理、物理力学性质、水理性质、微观结构、工程特性及应用等方面做了较为全面的论述，详细分析了改良土的配比、龄期及土料性质对工程性质的影响，并针对每一种改良土的特点有侧重地进行了分析和论述，澄清了一些疑惑和矛盾的问题，最后提出了工程建议。本书既有试验成果又有理论分析，既有对改良黄土改良机理的探讨，又有工程应用所需的性质指标，可以说是一本集理论与实践于一体的改良黄土研究成果的综合论述，对工程建设具有一定的指导意义。

黄土的改良理论和试验研究与技术应用一直持续不断，并取得了显著成果，但仍有许多问题需要深入研究。由于黄土定义的范围较大，黄土粒径尺寸跨度大、盐类组分和矿物含量种类多，加之采用的掺合料品质不一，使得改良土的改良效果或工程性质相差甚大；某些具有较强龄期效应的改良土，龄期的变化也可能带来不一样的结果，这使得同一种改良土或不同种类改良土之间出现差异较大的结果甚至相矛盾的结论。本书尽量对影响改良土工程性质的主要因素进行分析，以求结果的准确、合理，但影响改良土工程性质的因素众多且变化大，本书也无法涵盖和分析所有影响因素，只能是抛砖引玉，期望有更多学者和工程技术人员对改良黄土进行深入细致的研究，以获取更加全面的性质指标和应用条件，使改良黄土的研究更加系统并适用更广泛的地区。

本书由 4 位作者共同编写，第 1、7、10 章由张豫川编写，第 2、3、6、9 章由张森安编写，第 4、8 章由刘辰麟编写，第 5 章由姚永国编写，最后由张豫川统稿。编写中为了保持内容的完整性，书中引用了许多同行专家学者的研究成果，在此对书中所引用成果的作者致以深深的敬意！同时，作者尽全力将能够检索到的文献做了明确的引用注释，个别成果没能标注原始成果的出处，敬请谅解。

由于作者的技术水平和工程经验都十分有限，书中难免存在不妥甚至谬误之处，敬请读者批评指正。

编者

2023 年 1 月

目　录

1　绪　论 ……………………………………………………………………… 1

2　黄土体物理力学性质 …………………………………………………… 6
　2.1　黄土地层 ………………………………………………………… 6
　2.2　黄土的颗粒组成 ………………………………………………… 10
　2.3　黄土的含盐特征及矿物组成 …………………………………… 12
　2.4　黄土体物理力学性质 …………………………………………… 14

3　压实黄土的性质 ………………………………………………………… 20
　3.1　压实原理 ………………………………………………………… 20
　3.2　黄土的压实性及影响因素 ……………………………………… 23
　3.3　压实黄土的性质 ………………………………………………… 24

4　黄土改良的目的及意义 ………………………………………………… 32
　4.1　改良目的 ………………………………………………………… 32
　4.2　改良土类型 ……………………………………………………… 34
　4.3　改良土的应用 …………………………………………………… 35

5　石灰改良黄土 …………………………………………………………… 39
　5.1　概述 ……………………………………………………………… 39
　5.2　灰土改良机理 …………………………………………………… 41
　5.3　灰土物理性质 …………………………………………………… 42
　5.4　灰土力学性质 …………………………………………………… 43
　5.5　灰土水理性和收缩性 …………………………………………… 48
　5.6　灰土微观结构 …………………………………………………… 51
　5.7　灰土工程特性综述 ……………………………………………… 52
　5.8　灰土的工程应用 ………………………………………………… 53

6　水泥改良黄土 …………………………………………………………… 56
　6.1　概述 ……………………………………………………………… 56
　6.2　水泥土改良机理 ………………………………………………… 57
　6.3　水泥土物理性质 ………………………………………………… 59
　6.4　水泥土力学性质 ………………………………………………… 60
　6.5　水泥土水理性质 ………………………………………………… 66
　6.6　水泥土微观结构 ………………………………………………… 68
　6.7　水泥土施工工艺的影响 ………………………………………… 69

    6.8   水泥土工程特性综述 ………………………………………………… 72

    6.9   水泥土的工程应用 …………………………………………………… 73

7   石灰、粉煤灰改良黄土 ………………………………………………… 75

    7.1   概述 ………………………………………………………………… 75

    7.2   二灰土改良机理 ……………………………………………………… 77

    7.3   二灰土物理力学性质 ………………………………………………… 78

    7.4   二灰土水理性质 ……………………………………………………… 83

    7.5   土料对二灰土性质的影响 …………………………………………… 83

    7.6   二灰土微观结构 ……………………………………………………… 86

    7.7   二灰土工程特性综述 ………………………………………………… 87

    7.8   二灰土的工程应用 …………………………………………………… 88

8   石灰、粉煤灰和钢渣粉改良黄土 ……………………………………… 90

    8.1   概述 ………………………………………………………………… 90

    8.2   二灰钢渣土改良机理 ………………………………………………… 91

    8.3   二灰钢渣土物理性质 ………………………………………………… 92

    8.4   二灰钢渣土力学性质 ………………………………………………… 94

    8.5   二灰钢渣土水理性与水稳性 ………………………………………… 96

    8.6   二灰钢渣土工程特性综述 …………………………………………… 99

    8.7   二灰钢渣土的工程应用 ……………………………………………… 100

9   膨润土改良黄土 ……………………………………………………… 101

    9.1   概述 ………………………………………………………………… 101

    9.2   膨润土改良土改良机理 ……………………………………………… 102

    9.3   膨润土改良土物理力学性质 ………………………………………… 103

    9.4   膨润土改良土渗透性 ………………………………………………… 107

    9.5   膨润土改良土微观结构 ……………………………………………… 110

    9.6   膨润土改良土工程特性综述 ………………………………………… 112

    9.7   膨润土改良土的工程应用 …………………………………………… 112

10   木质素磺酸钙改良黄土 ……………………………………………… 114

    10.1   概述 ……………………………………………………………… 114

    10.2   木钙土改良机理 …………………………………………………… 115

    10.3   木钙土物理性质 …………………………………………………… 116

    10.4   木钙土力学性质 …………………………………………………… 117

    10.5   木钙土水理性 ……………………………………………………… 121

    10.6   木钙土微观结构 …………………………………………………… 124

    10.7   木钙土工程特性综述 ……………………………………………… 128

    10.8   木钙土的工程应用 ………………………………………………… 128

参考文献 ………………………………………………………………… 131

1 绪 论

黄土是以黄色为基本颜色的第四纪沉积物，在地球上分布广泛，总面积约为 1300 万平方千米，约占全球陆地面积的 10%，主要分布于中纬度干旱、半干旱地区，南美洲、北美洲、亚洲和欧洲部分区域都有分布。我国黄土分布面积约为 63 万平方千米，约占全国陆地面积的 6.3%，占世界黄土面积的 4.9%，主要分布于黄河中上游的甘肃、陕西、宁夏、山西、河南与青海等省区，其次为河北、山东、辽宁、黑龙江、内蒙古和新疆等省区。

对黄土的研究由来已久，我国许多学者如张宗祜[1]、刘东生[2]等对黄土的定义、分类以及分布进行研究，提出了黄土时代、成因、分层等标准。黄土以其独特的沉积原因而具有鲜明的地貌分布单元，其中以梁峁、塬坪、高原阶地等分布为主，平原、河流阶地也有分布，覆盖厚度从几米到几十米不等，部分地区黄土厚度甚至可达 400m 以上。按其形成时代，可将黄土划分为早更新世（Q_1）午城黄土、中更新世（Q_2）离石黄土、晚更新世（Q_3）马兰黄土和全新世（Q_4）黄土状土，其中午城黄土、离石黄土称为老黄土，马兰黄土和黄土状土称为新黄土。我国黄土主要集中分布在东起太行山、西至乌鞘岭、南起秦岭、北至长城一带的黄土高原地区，其面积约占全国黄土面积的 66%。根据自西向东分布规律，黄土高原可分为陇西黄土、陇东黄土和关中黄土，各区域黄土按照历史沉积年代顺序，均具有分布厚度大、沉积时代全的典型沉积剖面，如兰州的九州台黄土剖面、陕西的洛川黄土剖面、山西的离石县与隰县午城镇黄土剖面以及北京市门头沟区斋堂川的黄土剖面。典型剖面具有完整的、自下而上不同厚度的 $Q_1 \sim Q_3$ 黄土，部分剖面地层上部还有沉积时代较近的 Q_4 黄土层。一般而言，Q_4 和 Q_3 黄土层厚度可达数十米，为人类当前大部分工程活动直接面临的黄土层，少数工程会涉及更深处的 Q_2 和 Q_1 黄土。

黄土因生成环境气候干旱、雨量稀少、蒸发量大、草木稀少、风沙多等原因，造就其以粉土颗粒为主，具有多孔隙、弱胶结、质地均匀、无层理、垂直节理发育、富含碳酸盐等特点。天然状态下，低湿度黄土一般具有较高的强度和较低的压缩性，表现出较好的岩土工程性质，但其中部分黄土在遇水浸湿时会发生显著的附加下沉，即所谓的湿陷性。我国湿陷性黄土约占全国黄土总面积的 75%，以黄河中游地区最为发育，多分布于甘肃、陕西、山西地区。湿陷性黄土是一种特殊土体，具有大孔隙和欠压密的结构特征，使得其遇水时在上覆土饱和自重压力或自重压力与附加压力共同作用下产生显著的下沉变形，造成其上建筑物的损害或破坏。黄土的湿陷特性是对建设工程不利的特性性质，一般需先对其进行处理后再进行工程建设。

分布广泛、覆盖厚度大的黄土是大自然馈赠给人类的资源，黄土是农作物生长的肥沃土壤，提供给人类丰厚的粮食；黄土也是最常见的工业材料，作为添加剂、吸附剂及过滤剂在工业和环境工程中应用广泛；黄土最主要的用途还是建设工程材料，在黄土地区，黄土是低层建筑良好的持力层，承受建筑物的荷载以保证其安全稳定；而挖取（扰动）下来的黄土土料也是良好的建筑材料，夯（压）实后可以作为建（构）筑物的地基、道路的路基，更是很多大坝、路堤、土桥、渡槽等建（构）筑物的填筑材料。事实上，在华夏文明初期，丰富的黄土就成为天然建筑材料，发源于我国中西部地区的生土建筑就是典型的代表。大约 4000 年前人类已初步掌握了夯土技术，黄土作为岩土材料，通过夯实原土或回填压实作为建筑物的地基，以提高地基的承载能力及稳定性；黄土作为建筑结构材料，通过将黄土夯成类似砖或墙的土坯，作为建筑物的墙体，最具有特征的便是夯土建造的村社与城墙，如世界最古老的生土建筑城市——交河故城（图 1-1）、西安近郊的半坡村遗址、甘肃秦安县大地湾遗址和秦代、明代大量的古长城和古城墙等，这些建筑大部分由黄土作为材料建造而成，表明了古代建设对黄土的利用和改良。随着时代的进步及社会经济的发展，新型的建筑材料层出不穷，使这一古老的建筑材料在建筑结构中的应用走向消亡。但黄土作为岩土工程材料，有着分布广泛、挖取容易的巨大优势，仍是岩土工程中的重要材料，在建（构）筑物地基、道路路基、边坡及水利堤坝等工程中发挥着重要作用。特别是随着城镇化建设和中心城市外扩发展，建设场地逐渐向大厚度黄土的黄土梁峁、沟谷等地貌区域扩展，"挖山填沟""上山建城"等方法建造工程建设场地（图 1-2）是有效的途径，而大规模的削山造地带来的是大范围的黄土挖填工程，大厚度回填地基、填方边坡等都需要黄土作为回填材料，黄土这一古老的建筑材料在现代化的今天仍然发挥着重要的作用。

图 1-1　世界上最古老的生土建筑城市——交河故城

图 1-2　兰州城北的黄土填挖工程

随着黄土在各类工程中的应用，其功能也从单纯的填筑扩展到加固，这不仅对黄土的承载力和变形等力学性质有了更高的要求，也对渗透性和水稳性等水理性质有要求，例如，黄土作为公路路基的填筑材料，压实后具有一定承载力，但如果水（主要是雨水）直接作用于路基，就会对路基进行溶蚀、潜蚀、冻融及冲刷等作用，这就对作为路基的填筑材料有抗冻、抗蚀等稳定性和耐久性的要求，特别是用于高速公路、铁路等路基的填筑材料对水稳性要求更高；当黄土作为填筑材料用于处理生活垃圾填埋时，要求其能防止有害物质通过水分和空气迁移，这就对作为盖层和衬里的结构层提出了渗透性的要求。虽然黄土经压实后具有较高的承载力和较低的渗透性，在承受荷载的同时也能起到一定的隔水作用，但其颗粒组成以粉粒为主，黏土矿物含量较少，颗粒间的胶结性低，仅通过外力压实对黄土颗粒结构及其联结方式的改善程度有限，且黏聚力增长幅度低、稳定性较差，故当其在长期干湿循环、高荷载、水入渗等环境因素和人为因素影响下，可能存在地基破坏、上部结构开裂、场地沉降裂缝、坝体渗漏和防渗体失效、滑坡等问题，使得压实黄土的应用受到很大限制，逐渐不能适应现代建设工程对岩土工程材料的要求，迫切需要更好的岩土工程材料应用于建设工程。

开发新型岩土工程材料和对黄土进行改良均是岩土工程材料的发展方向，而后者更具来源和成本上的优势，故长期以来人们一直致力于掺入固化剂改变土颗粒联结方式、粘结强度，使得改良后的黄土能更好地满足工程需求。填筑材料改良的目的因工程用途和要求而不同，但从大的方面看改良目的主要是两方面，一是提高土的结构强度（也称加固土），二是提高土的水稳性（也称稳定土）。对于黄土的改良，从某种意义上讲，提高水稳性比提高强度具有更重要的意义，因为黄土在较低含水率时具有较高的力学强度，而吸湿后"软化"是其强度降低的主要原因。黄土的组成以粉粒为主，黏土矿物、难溶盐含量较少，颗粒间的胶结性低是压实黄土工程性质不高的主要原因，因此，黄土改良需要增强其颗粒间的胶结和团粒化作用来提高土体的黏聚力和内摩擦角进而提高其强度，而改善渗透性和水稳性也需要增强胶结和填充细小孔隙，故寻求具有胶结、硬凝、填充、团粒化作用的掺合料，通过掺入固化剂与土发生一系列的物理化学反应，利用反应生成物改变土体的成分和结构，达到改良土体性质的目的，是改良黄土的有效途径。

掺入固化剂改良土并非源自现代社会，在古文明时期就有其应用缩影，例如公元前8世纪，古希腊人就发现将石灰与黏土按一定比例加水混合后可提高土的强度和水稳性，我国则在公元前7世纪开始使用灰土，例如南北朝时期南京西善桥的南朝大墓门前地面就是利用灰土夯实而成的，北京明代故宫大量应用灰土地基（图1-3），三大殿的台基下部均用灰土夯成。灰土材料还可用于一些水工构筑物，如陕西三原县清龙桥的护堤即是用灰土建造的。1949年以后，我国的大规模基本建设更是广泛采用灰土作为建（构）筑物的地基，采用灰土作为地基基础的房屋已高达6～7层。水泥于1824年被发明，其煅烧工艺与石灰类似，加入土中同样会与部分土粒成分发生硬化反应，而且因其煅烧原材料中混有黏土成分，故胶结能力十分优异，也被逐渐应用到土体固化中，特别是用于改良土体的水稳性。1906年，美国进行了改良稳定土的初次尝试，并开展了采用水泥、沥青及一些化学制品的系列研究，20世纪60年代初美国在公路工程中修建了4.1亿立方米水泥稳定土基层，德国、英国、法国、日本等国家也在道路及机场工程中广泛使用水泥稳定土。我国也在 20 世纪 90 年代起开展了一系列改良土的研究及应用，1999 年秦沈客运专线开工和高速铁路建设，铁路科研单位、大专院校、设计院、施工单位相继开展了填料改良的研究，并取得了大量有成效的科研成果；京沪高速铁路全线大部分填料仅满足路堤下部填料的质量要求，而满足路堤上部基床底层填料质量要求的却很少，因此开展了石灰、粉煤灰、水泥等用于基床底层填料的黏性土的改良研究；郑西客运专线的建设使水泥对黄土改良的研究和应用更加深入。

图 1-3　故宫灰土地基

　　诸多研究理论和工程实践均证实土中掺入固化剂是提高压实黄土工程性质最有效的方法，但其改良效果和应用价值受土质、掺料种类、掺合比、应用目的、施工工艺等影响，并且因改良的目的和用途不同，研究和实践所选改良方式也不同。例如，当改良土应用到水利、市政结构中时常常需要考虑渗透和强度特性，多选择水泥、石灰等强胶结、高密实的改良类型；当应用到土木结构的地基等时，主要考虑承载力，既可选择产生高强胶结物质的石灰、水泥改良类型，也可选择加入高强掺料的钢渣、橡胶颗粒进行改良；当考虑防腐蚀作用时，选用水泥改良土可有效防止硫酸盐类腐蚀；当考虑到生态协调时，抗疏力改良土在增加土体主动斥水性的同时又不改变土体内部排水通道，可达到保持强度的同时不改变土中水力通道，用于边坡加固时既可以抗冲刷，又可以种植植被，恢复生态。因此，当前出现了诸多的土体改良的分类及方式，即使同一改良方式在不同行业的应用，也出现了不同的配比及施工工艺结论。目前，按照改良机理可分为物理改良和化学改良，其中物理改良为固化剂不与土中成分发生化学反应，主要改变土颗粒级配、土粒表面水膜厚度和电层性质，使得发生团聚作用进而黏结土颗粒，常见的掺入方式有木质素、抗疏力材料、橡胶颗粒、钢渣等。化学改良是外加剂加入后和土颗粒成分发生化学作用，产生硬化胶体胶结颗粒，改变土体联结和结构，常见的有石灰、水泥、粉煤灰、水玻璃等。黄土的改良除了以用途和效果为目标外，也需要考虑环境保护、资源节约等社会因素，如以工业废料作为掺合料就是兼顾工业废料利用和土体改良的初衷，粉煤灰和石灰改良黄土的二灰土就是典型代表，其利用粉煤灰中含有大量的活性氧化物与石灰、土发生化学反应生成胶凝物质而改良黄土，由此替代灰土中的部分石灰，达到经济和环保双重目的，且改良后的二灰土的部分工程性质指标优于灰土，已广泛用于土木工程、道路工程等多个领域。

　　综上所述，多年来，土的改良理论和试验研究与技术应用一直持续不断。随着改良土工程应用的实践和发展，对改良土特性的研究和认识也不断丰富和深入，从而又进一步推动了改良土应用技术和方法的更新，使得改良土的工程应用前景愈加广泛，而黄土作为我国分布最广的特殊土亦是如此。针对不同的应用目的和适宜性，黄土衍生了多种改良方式，改良材料也由单一材料发展到多种材料、由无机材料发展到有机材料、由普通应用到特殊应用，由此涌现的结论和分类也多种多样。针对新的应用性质及老法新用等客观基础，改良黄土还有着诸多方面有待于研究，其开发利用空间仍十分巨大，这也符合创建资源节约型社会的国家经济政策。因此，本书基于作者多年的黄土改良研究和实践经验，试图从各种黄土改良方式的发展历史、改良机理、改良效果、应用范围、施工工艺、工程实践经验等方面做全面的梳理和总结，以期为各位工程技术人员和高校师生的学习和研究提供些许借鉴。

2 黄土体物理力学性质

黄土是风积作用形成的土状堆积物，广义的黄土一般存在两种状态，一是自然堆积后未受扰动的原状土，其具有沉积过程的自身结构；二是扰动原状土结构后的黄土，其已不再具有原有的结构性。严格来说，原状黄土称为黄土体、扰动黄土称为黄土或黄土料更为准确。黄土体是具有明显结构性的土体，自身保留了地质历史时期黄土颗粒搬运沉积及之后干旱环境作用的明显特征，土体间存在架空、镶嵌、接触等形式的孔隙，粒间联结以干旱环境形成的盐类结晶为主，可以说土体内部存在明显的框架结构，所以黄土体性质不仅取决于其成分与组成，更主要的取决于颗粒的排列形式及其粒间联结形式，即结构性。黄土则是扰动或破坏了黄土体结构性的土颗粒，黄土通过压实重塑形成压实黄土或重塑黄土。压实黄土是通过机械、人工方式移除原状黄土内部的接触特征，然后通过压实而形成的一种新的颗粒排列及粒间接触模式的重塑土，本质在于土的结构性的改变与重构。原状黄土与压实黄土均是以黄土为主体，但其结构性的不同，使得两者的工程性质有较大差异。故对黄土体、黄土的基本概况认识有助于后续黄土改良研究的理解。

2.1 黄土地层

黄土在我国西部省份分布厚度大，沉积连续，地层的研究已有 100 多年的历史，刘东生、张宗祜等对黄土地层、时代、生物、古地磁等方面进行了深入细致的研究。1962年，刘东生、张宗祜等在对第四纪黄土的研究中提出我国黄土地层、时代划分；王永焱[3-4]等对不同地貌黄土分布、时代进行了研究，提出了黄土地层特征、时代与地貌类型关联。

黄土地层划分包括时间与空间两个尺度。就时间尺度而言，20 世纪 60 年代，刘东生等在大量工作的基础上对黄土地层时代的划分提出了一个典型的模式，即晚更新世——马兰黄土；中更新世——离石黄土上部，离石黄土下部；早更新世——午城黄土。这一时代和地层划分成果在地学界、工程技术界一直得到广泛的应用，具体的黄土地层划分和地层特征如表 2-1 和表 2-2 所示。

表 2-1 黄土地层的划分[5]

时代		地层划分	说明
全新世（Q_4）黄土	晚期（Q_4^2）	新黄土 黄土状土	一般具湿陷性
	早期（Q_4^1）		
晚更新世（Q_3）黄土		马兰黄土	
中更新世（Q_2）黄土		老黄土 离石黄土	上部部分土层具湿陷性
早更新世（Q_1）黄土		午城黄土	不具湿陷性

表 2-2　黄土地层特征[6]

地层及时代			颜色	特征及包含物	古土壤	开挖情况
全新世 Q_4	近期 Q_4^2	黄土状土	具湿陷性	浅褐至深褐色，或黄至黄褐色	土质疏松、多大孔、虫孔、孔壁附有白色硫酸盐粉末状结晶，呈菌丝状或条纹状，含碳酸钙核，有时可见砖瓦、陶瓷碎片等人类活动遗迹	—	锹挖非常容易，进度很快
	早期 Q_4^1			褐黄至黄褐色	具有大孔、虫孔、含有少量的钙质结核，偶见人类活动遗迹，土质较均匀	—	锹挖容易，但进度稍慢
晚更新世 Q_3	马兰黄土			浅黄、灰黄色及黄褐色	土质均匀、大孔较发育，具垂直节理，有虫孔及植物根孔，含少量钙质结核	一般无古土壤，局部山区浅部有薄层古土壤	锹、镐开挖不困难
中更新世 Q_2	离石黄土		不具湿陷性	深黄、棕黄及微红色	有少量大孔、土质紧密，具柱状节理，土质较均匀，古土壤下钙质结核粒径 5～20mm，成层分布，局部形成胶结层	有多层古土壤，厚度 1.0m 左右，间距 2m 左右	锹、镐开挖困难
早更新世 Q_1	午城黄土			微红至棕红色	无大孔，土质紧密坚硬，柱状节理发育，钙质结核含量较少且粒径较小，有时可见砂或砾石薄夹层	古土壤层不多，呈棕红至褐红色	锹、镐开挖很困难

就空间尺度而言，诸多野外调查表明，我国西部自西向东、由北向南黄土以多种地貌形式存在，受沉积形成历史控制，黄土地层特征与地貌类型、所处海拔高度关联。根据以梁峁、塬坪、山间盆地、河谷阶地的地貌进行黄土地层划分，西部地区三种不同地貌黄土地层柱状剖面略图如图 2-1 所示。

各地貌主要分布范围及其详细黄土地层特征为：

（1）黄土梁峁区地层

黄土梁峁区主要分布在六盘山东西两侧的甘肃、陕西、山西等省份，其中黄土梁峁区的陇西黄土典型剖面如图 2-2 所示。六盘山以西的黄土地层结构特点是黄土厚度较大，兰州-靖远区域黄土厚度一般超过 300m，黄土与古土壤层序不清，古土壤发育差、色淡，硫酸盐类矿物分散分布在粗矿物颗粒之间，钙结核及哺乳类化石极少，多属于非继承型的梁类型；六盘山以东的梁峁区地层黄土厚度较大，一般在 150～250m，黄土层中古土壤较清晰、色调较深，钙质结核（层）不发育或少见、呈不连续的似层状，靠近毛乌家沙溪区的黄土中粉砂层增多，单层厚度增大，顶部黑垆土发育，含有一定数量的哺乳类化石，以非继承型和继承型两类为主。典型黄土剖面的地层划分为：

六盘山以西的兰州九州台剖面 [图 2-2（a）]，黄土厚约 338m，黄土沉积在前寒武纪及第三纪红色岩系组成的甘肃期夷平面上，黄土底部有 5～7m 厚的卵石层，卵石层之上为 3.8m 厚的具层理的黄土状沉积，其上为 330m 厚的无层理黄土。该剖面古土壤色淡不易识别，剖面中未找到化石，兰州九州台剖面分布不同厚度的 Q_3～Q_1 时代的黄土。剖面下部黄土为坚硬状，色灰黄微显褐色；中部黄土硬塑～坚硬状，色淡褐黄；上部黄土硫松，色淡褐或黄褐；剖面中古土壤色不明显、不易辨认；剖面自下而上基本无钙质结核，仅有局部有小石膏晶体或硫酸钙结核散布。兰州黄土最早形成于距今 140 万年[1]，中、早更新世黄土上分界位于剖面以下 195m 左右，晚、中更新世界线位于地面以下 60m 处。

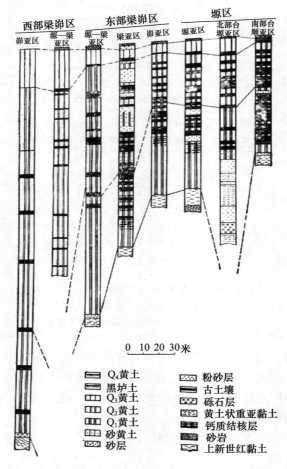

图 2-1   不同地区各地貌黄土地层柱状剖面略图[5]

六盘山以西的靖边破山剖面属于中部以梁为主的梁峁地层区，剖面位于梁峁过渡带。剖面厚度 181m，含 16 层古土壤，古土壤色淡，下部结核层较清楚，含 6 层粉砂层，粒粗，含砂量高，剖面顶部的黑垆土均显深灰黑色，含砂量高、厚度大（约1.5m），其上一般无全新世黄土。

（2）黄土塬坪区地层

塬区包括塬亚区、台（坪）亚区及山麓塬亚区，分布在北部梁区以南、六盘山以东，其中塬区的陇东黄土典型剖面如图 2-3 所示。

塬区黄土地层结构具有地层分布全，层序完整，标志清晰易辨，研究程度较高等特点；地层厚度一般为 120～150m，古土壤序列极为清晰，结核层厚度增大，呈似层状或钙板状，哺乳动物化石丰富；上部地层厚度基本一致，下部地层厚度随地区不同而有差异。黄土塬自西而东有甘肃的庆阳董志塬、陕西的洛川、山西的吉县塬等；同时存在面积较小的坪、台地，如兰州的彭家坪。其中，庆阳董志塬面积最大、吉县塬面积最小，但地层结构基本一致，只是塬面切割越来越深，出露越完整越清晰，典型剖面有庆阳董志塬剖面切到 Q_1，陕西洛川剖面切到 Q_2 等。

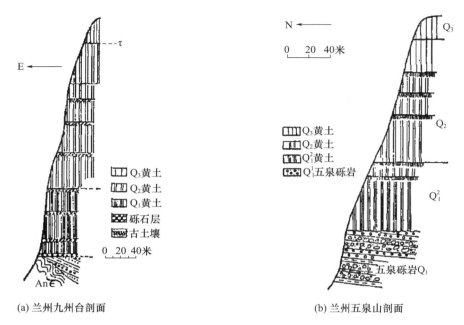

(a) 兰州九州台剖面

(b) 兰州五泉山剖面

图 2-2 陇西黄土典型剖面[3]

位于洛川县城以南洛川黑木沟剖面属于台（坪）亚区，地层最全，黄土古土壤序列极为清晰，是中、外研究黄土地层的典型剖面。该剖面中生物化石比较丰富，其中晚更新世马兰黄土厚 8.6m，色淡灰黄，疏松多孔；马兰黄土之上为全新世黄土及其下的黑垆土古土壤，全新世黄土形成距今 1 万年左右；晚更新世黄土距今 10 万年左右。

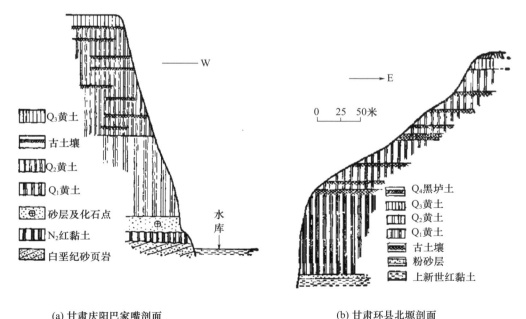

(a) 甘肃庆阳巴家嘴剖面

(b) 甘肃环县北塬剖面

图 2-3 陇东黄土典型剖面[3]

（3）河谷地层区

河谷地层区系指流经黄土高原的各大河流及其支流所构成的黄土阶地地层。黄土地层厚度为 50～100m，古土壤呈倾斜状，黄土底部多冲积砂砾石层，剥蚀面清晰可见，钙结核呈似层状或不均匀分布于黄土层中，哺乳类化石较为丰富。黄土覆盖河流阶地地层与非黄土区河流阶地地层结构区别明显，不仅成因不同，其物质组成也有一定差异，黄土区河流阶地一般可以见到 4～5 级，在兰州黄河阶地可见 9 级，时代越老的河流阶地，其上黄土地层厚度越大，地层越完整。一般情况下，河漫滩只堆积 Q_4^1 冲积砂砾石层及黄土状粉土、粉质黏土；一级阶地有 Q_4^1 冲积黄土；二级阶地砂砾石层上覆有 Q_3 马兰黄土；三级阶地可有 Q_4 和 Q_3 黄土；四级阶地可包括 Q_4 和 Q_3 黄土；五级阶地上黄土发育较全，由 Q_1～Q_3，黄土呈披盖状由高阶地向低阶地幔覆，各阶地底部均为基岩侵蚀面，侵蚀面上为砂、砾石、卵石层，其上为不同时代的黄土沉积，代表剖面如兰州五泉山剖面［图 2-2（b）］。

五泉山剖面位于黄河以南的五泉山，由五泉山公园的东龙口向上直至五泉山与水磨沟之间的分水岭地段，剖面厚度为 267m，其中黄土厚度为 217m，分布 Q_1～Q_3 时代黄土层。王永焱等（1978）对五泉山剖面进行了古地磁测定，由底部向上 50m 内的五泉砾岩，为反磁性带，五泉砾岩之上为黄土沉积，两者为不整合关系。不整合面之上的黄土底部向上 70m 的层段内，也属反磁性带，其中在 14m 处，有哈拉米将亚期，反映出五泉山一带的第四系下限在五泉砾岩之下，且黄土下限也只有约 105 万年。

2.2　黄土的颗粒组成

土体的颗粒组成是土体性质的主要影响因素。图 2-4 为黄土颗粒组成三角分类，从图 2-4 中可以看出，各地黄土或黄土状沉积物都以粉粒（0.075～0.005mm）颗粒含量为主，常在 50% 以上，而其中又以粗粉粒占绝对优势，细粉粒含量较少；小于 0.005mm 的颗粒含量一般在 10%～15%，且粒径大于 0.25mm 的颗粒极少，说明黏粒、砂粒粒组含量少，一般不大于 40%。

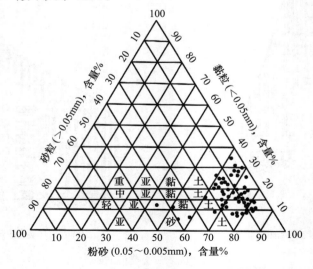

图 2-4　黄土颗粒组成三角分类图[6]

　　黄土颗粒组成总的来说以粉粒为主，但因区域有一定差异，黄土颗粒组成总体表现为，自西向东、由北向南粗颗粒减少、细颗粒增加，即砂粒粒组含量减小、黏粒含量增加，颗粒粒径由粗变细[6]。由表 2-3 和图 2-5 来看，粉粒组及以上粒径的含量均在 60%～90%，具有自北向南、自东向西减小，同地区的相同地貌粉粒组含量变化不明显；砂粒组含量较高的地域主要为处于临近沙漠的陕北、甘肃西北部、新疆等地区，如榆林、靖边两地剖面中的中更新世黄土样品中最高，其多数样品的砂粒含量大于 20%；在其他各地剖面的不同层位的黄土样品中含量较低，变化较大，绝大部分样品的含量都在 5%～15%之间，自北向南、自东向西减小；黏粒组（<0.075mm）含量在同一地区的不同地貌变化大，一般含量为 5%～30%，与砂粒组含量之间具有明显的负相关关系，在长武、武功、西安及陕县等地剖面的土样品中含量高，在榆林、靖边、西宁、兰州、靖远等地的剖面黄土中含量低。黏粒组含量在一定程度上决定着黄土的物理力学性质，特别是决定黄土的物理性质，如天然含水率、孔隙大小、液限、塑限、塑性指数等。

表 2-3　各地区黄土颗粒组成表

地区	颗粒含量（%）			界限含水率（%）	
	>0.05mm	0.05～0.005mm	<0.005mm	W_L	W_P
新疆	40～45	50～55	1～5	24～30	15～20
青海	15～25	50～65	15～30	23～29	16～20
宁夏	16	69	15	23～28	17～19
甘肃陇西	20～30	55～70	5～15	24～30	16～18
甘肃陇东	10～20	65～70	15～20	26～30	17～20
陕西关中	15～25	50～65	20～25	25～31	18～20
陕北	25～30	50～60	10～15	23～28	16～18
山西	15～25	55～65	15～20	25～29	17～19
河南	12～15	55～60	20～25	27～32	17～20

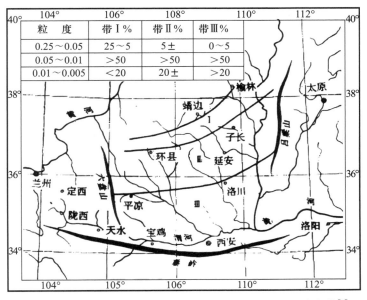

图 2-5　黄土高原晚更新世 Q_3、全新世 Q_4 黄土颗粒组成变化[7]

图 2-6 为黄土在塑性图上的分布，由图 2-6 可以更清晰地看出，黄土集中分布在 A 线以上，表明尽管黄土颗粒以粉粒为主，但与普通黏性土具有相同的性质。黄土的液限值一般在 20～30 之间，属于中、低液限黏性土。

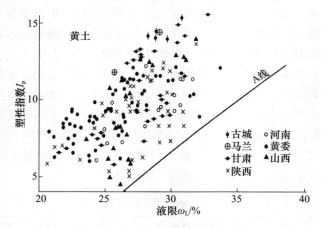

图 2-6　黄土在塑性图上的分布[8]

2.3　黄土的含盐特征及矿物组成

2.3.1　含盐特征

黄土中可溶盐类可分为易溶盐、中溶盐和难溶盐，且主要为氯盐、碳酸盐和硫酸盐。富含碳酸盐是我国黄土的显著特征之一，且含盐特征直接影响黄土的结构性，进而影响其工程性质，如黄土中含有较多的易溶盐时，黄土的胶结联结在遇水后强度迅速降低，直接影响其溶解性、膨胀性、崩解性、渗透性及稳定性，这不仅影响黄土地区的建设工程，同时与黄土材料的利用也密切相关。部分地区黄土可溶盐含量[6]如表 2-4 所示。

表 2-4　部分地区黄土可溶盐含量

地区	易溶盐含量（%）		中溶盐含量（%）		难溶盐含量（%）	
新疆天山山麓	0.37～1.55	硫酸盐-氯盐	—	—	9.9～11.5	碳酸盐
西宁河谷	0.07～0.42	碳酸盐	0.24	硫酸盐（石膏）	9.1～16.1	碳酸盐
兰州河谷	0.28～0.68	硫酸盐-氯盐	0.28	硫酸盐（石膏）	8.1～11.4	碳酸盐
陕北丘陵	0.16～4.8	碳酸盐	0.10	硫酸盐（石膏）	—	—
关中河谷	0.04～0.07	碳酸盐	0.06	硫酸盐（石膏）	8.0～16.9	碳酸盐
河南平原	0.062	碳酸盐	—	—	—	—
山西丘陵	0.05～0.06	碳酸盐	—	—	9.9～14.8	碳酸盐

黄土中的易溶盐以氯盐和硫酸盐为主，易溶盐极易溶于水或与水发生作用。易溶盐从分布上看有西北向东南逐渐减少的趋势。易溶盐在黄土的粒间或裂隙间以胶结物存

在，遇水溶解后使黄土结构破坏，强度降低，直接影响到黄土的性质。易溶盐含量小于0.5％时对黄土性质的影响不大，大于0.5％时对黄土性质开始有影响，大于3.0％时对黄土性质有显著影响。由表2-4可见，黄土中既有对黄土性质影响不大的易溶盐含量，又有对黄土性质有显著影响的易溶盐含量。易溶盐的含量直接影响到黄土体的物理力学性质和湿陷性，同时易溶盐类被溶解就会改变土体的压实性、压缩性及透水性，易溶盐类的种类及含量，对黄土的工程性质影响具有重要工程意义。

黄土中的中溶盐主要以石膏（$CaSO_4 \cdot 2H_2O$）为主，中溶盐在黄土中的含量一般很少大于1％，一般自西向东、自北向南逐渐减少。中溶盐的存在状态取决于其与水的作用情况，以固体结晶形态存在时，溶解性小，在黄土的粒间或裂隙间成为胶结物，起到加固黄土的作用，但当以次生结晶细粒分布于孔隙中时，易溶解，溶解后使黄土强度降低，这是黄土具有湿陷性的影响因素。

黄土中的难溶盐以碳酸钙、碳酸镁为主，在黄土中既起骨架作用，又起胶结作用。当碳酸钙呈现固体结晶状时，是土体骨架的一部分；当它以薄膜状分布或与黏土一起构成次生团粒时，起胶结作用；同时，当碳酸钙遇到CO_2和HCO_3^-时溶解，溶解后的阴离子与颗粒表面的阳离子发生交换。碳酸盐是黄土高原地区黄土含量较高的可溶盐，其含量在10％～20％，一般来说，碳酸钙的含量大时，黄土的强度高。

总体上，黄土地区可溶盐区域性规律差，可以认为自西向东、自北向南含盐量逐渐减小。易溶盐在河流阶地、盆地地貌上，具有表聚现象，且含量大于黄土梁峁；在黄土梁峁地貌上，梁峁斜坡、沟谷易溶盐含量大于梁峁顶部，黄土梁峁深部具有局部聚集现象，呈晶体窝状；除局部窝状外，具有随深度减小规律。

2.3.2　矿物特征

世界各地黄土体的矿物成分基本相似，不同地区矿物成分，在矿物组合的质和量有所区别，表现为某些矿物含量之高低及特殊矿物成分的差异。我国黄土中轻矿物（比重＜2.9）的含量一般大于96％以上，主要是石英、长石、碳酸盐矿物及白云母等矿物；重矿物为不透明矿物、不稳定矿物、较稳定矿物及稳定矿物等。轻矿物的特征为：

石英：黄土体中的石英含量随地区而变化，一般占轻矿物含量的80％左右。不同时代黄土体中的石英颗粒大小各不相同，如兰州附近黄土体中，早更新世的石英颗粒较大，直径在0.01～0.085mm之间；中更新世的较小，在0.073～0.075mm；晚更新世的最大，介于0.07～0.93mm。

长石：黄土体中的长石是无色微棱角状的颗粒，其在轻矿物中的含量随地层时代和地区不同而变化，总体介于10％～30％之间。在风化作用下，正长石多显淡黄土色。正长石在长石类矿物中含量最大，微斜长石及斜长石的颗粒较小，且棱角显著，长石易受风化。

碳酸盐矿物：黄土体中的碳酸盐矿物在轻矿物成分中占主要地位，大部分为方解石，白云石较少，其含量在黄土体中一般为10％～15％，也有含量更高的。黄土中的方解石在大多数情况下无色，微棱角状。由细粒矿物被碳酸钙粘结起来的微晶集粒，也可作为碳酸盐矿物的一种。白云石呈棱面体，常显微棱角状。西部在梁峁区早更新世黄土中的碳酸盐矿物包括单品颗粒及微晶集粒两种，中更新世的主要是一些不规则颗粒，少数为棱面体晶形及浑圆状、柱状颗粒，晚更新世黄土中的碳酸盐多为他形粒状，部分为集粒。

白云母：黄土体中白云母含量占轻矿物含量的 3%～4%。在早更新世黄土中个别白云母片在石英或长石之间，被挤压变形，呈弯曲状，而中、晚更新世黄土体中白云母片未被挤压变形。

黄土体中常发现以呈层、窝状不同深度分布的石膏，也有部分石膏呈同生斑晶状分布，部分黄土体中也发现了硫酸盐渍化的次生石膏。

黄土体黏土矿物以伊利石为主，还有高岭石、蒙脱石、绿泥石及少量混合结构矿物。各时代黄土黏土矿物组成基本相似，只是各矿物在相对数量上有些差异，午城黄土比马兰黄土含有较多的蒙脱石。黄土体中黏土矿物以不同的方式同水和孔隙中的水溶液相互作用，显示出不同的亲水性，黏土矿物的成分和比例，在某种程度上体现了黄土的物理力学性质。

2.4 黄土体物理力学性质

作为一种干旱环境下的沉积物，黄土具有明显区别其他土类的物理力学特性，其表观物理特征为淡黄、褐黄或淡灰色；疏松多孔，具有肉眼可见的大孔隙，成岩程度低，无层理，粉粒（0.075～0.005mm）含量＞50%，结构均匀，垂直节理发育，富含碳酸盐。以上特征直接导致其具有低含水率、大孔隙比、高压缩性、高水敏性等物理力学性质。同时，受各地地理、地质和气候条件不同及不同地貌黄土沉积厚度差异的影响，黄土体的物理力学性质随时代（深度）、地区的不同而表现出一定的差异。下述主要介绍黄土的含水率、孔隙比（干密度）、可塑性、压缩性、湿陷性、结构性等物理力学性质，并对典型地区的相关指标作以统计介绍。

（1）黄土的含水率

土体的含水率反映了土体的干、湿状态，含水率的变化使土体的物理力学性质和压实性发生变化，不同的含水率可使土体处于固态、半固态、塑性状态、液性状态，同时造成了土体压缩性的差异和压实度变化。土体的含水率与其沉积时的气候变化有直接关系，还与场地的地下水位深度、地貌等有关。黄土体的天然含水率一般在 3.0%～30.0%之间变化，大多数情况下黄土的天然含水率都较低，我国多处典型黄土分布地区黄土体含水率指标分布情况如表 2-5 所示。总体上，黄土高原自西向东、自北向南含水率逐渐增加，河谷地带含水率大于黄土梁峁。在同一地貌，总体随深度（地层年代）增加含水率逐渐增大；黄土梁峁上部深度含水率小，一般为 3.0%～10.0%；中部区段含水率基本保持不变，一般为 10.0%～15.0%；下部区段含水率随深度增加明显增大。典型黄土梁峁含水率随深度变化如图 2-7 所示。黄土的天然含水率与其湿陷性密切相关，含水率越低，则湿陷性越强烈，随着含水率的增大，湿陷性逐渐减弱。一般黄土的天然含水率超过 25%时，就不再具有湿陷性。

表 2-5 黄土体含水率指标分布情况

地区	乌鲁木齐	西宁	银川	兰州	太原	西安	洛阳
含水率（%）	10～15	8～15	7～10	5～10	10～18	12～21	15～22

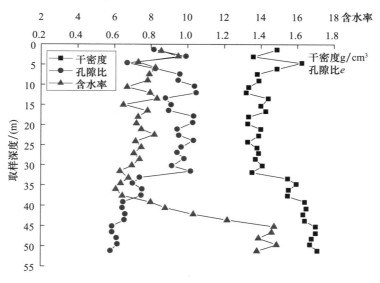

图 2-7 典型黄土梁峁含水率、干密度、孔隙比与深度的关系

（2）黄土的孔隙比与干密度

孔隙比指土体孔隙体积与土颗粒体积之比，是表征土体密实程度的物理量，故黄土体的密实程度也常用孔隙比来表达。黄土主要由粉状颗粒所组成，结构疏松，存在肉眼易见的大孔隙，孔隙形态多为铅直圆孔，大孔隙性决定了黄土的欠压密性。干密度也是衡量黄土体密实程度的一个重要指标，干密度定义为单位土体体积中固体颗粒的质量。黄土的孔隙比变化范围为 0.85～1.35，一般为 1.0～1.1；干密度的变化范围一般在 1.15～1.65g/cm³ 之间，其之所以变化范围大，除土本身密实程度有差别外，还与土中各种矿物成分的含量有关。我国部分地区黄土的物理性质指标数据如表 2-6 所示。本质上孔隙比与干密度两指标并不孤立，而是密切相关的，孔隙比越大、干密度减小，土体越疏松，反之亦然。深度越大，黄土在堆积过程中经历的前期固结压力大，土体已被压密，故孔隙比随深度增加而减小。

表 2-6 部分地区黄土的物理性质指标范围值

地区指标	含水率（%）	天然密度（g/cm³）	干密度（g/cm³）	孔隙比
乌鲁木齐	10～15	1.52～1.75	1.38～1.52	0.78～1.03
西宁	8～15	1.35～1.70	1.26～1.56	0.72～1.19
银川	7～10	1.39～1.62	1.30～1.45	0.86～1.06
兰州	5～10	1.35～1.69	1.24～1.43	0.90～1.24
太原	10～18	1.45～1.65	1.31～1.38	0.94～1.18
西安	12～21	1.45～1.68	1.24～1.38	0.92～1.08
洛阳	15～22	1.58～1.80	1.38～1.45	0.85～1.02

（3）黄土的可塑性

土体可塑性用塑性指数表示。塑性指数表示土处在可塑状态的含水率变化，与土中结合水的含量有关，即与土的颗粒组成、矿物成分、颗粒分散度、土中水的离子成分和浓度有关。塑限、液限是土体的稠度界限，塑性指数在一定程度上综合反映了影响黏性土特征的各种因素，工程中常按塑性指数对粉土、粉质黏土和黏土进行分类。

黄土的颗粒组成以粉粒为主，塑性指数低，可塑性差。黄土可塑性区域总体表现为：黄土高原自西向东、由北向南塑性指数呈增大趋势，黄土可塑性与其颗粒组成变化基本相同。同一地区不同地貌的黄土塑性指数具有一定差异，河谷地带较梁峁黄土可塑性稍高，即塑性指数稍高；塑限含水率一般为 15%～25%，黏粒含量增加，塑限含水率增大。黄土土粒相对密度 G_s 与塑性指数 I_p 的关系如表 2-7 所示。

表 2-7　黄土土粒相对密度 G_s 与塑性指数 I_p 的关系

土粒相对密度 G_s	2.67～2.69	2.69～2.71	2.71～2.72	2.72～2.73	2.73～2.74
塑性指数 I_p	<7	7～10	10～13	13～17	>17

（4）黄土的压缩性

压缩变形是由附加荷载（各类建筑物的荷载）引起，随时间增长而逐渐衰减，并很快趋于稳定的变形。当基底压力不超过地基土的承载力时，地基的压缩变形很小，一般能满足工程对沉降变形的要求。以典型的陇西黄土为例，其压缩系数随深度增大而减小，压缩模量随深度加深而增大（图 2-8、图 2-9）。一般土层上部 6.00～10.00m 压缩系数为高～中压缩性，下部土层压缩性明显降低。静力触探试验显示，锥尖阻力随深度增加呈增大趋势，在 10m 以上范围内锥尖阻力平均值为 0.8～2.5MPa，10～20m 范围内为 2.8～4.70MPa；土层大于 20m 后，锥尖阻力一般大于 8.50MPa。黄土的压缩性受含水率的影响较大，饱和后其压缩性大幅度增加，由中压缩性变为高压缩性地基土，承载力大幅度降低，变形急剧增大。

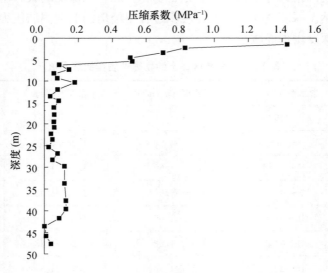

图 2-8　压缩系数随深度变化

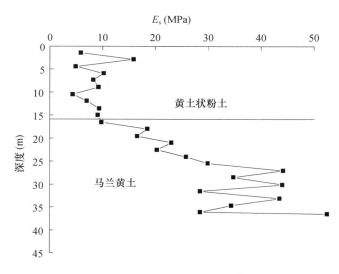

图 2-9　压缩模量随深度变化

（5）黄土的湿陷性

湿陷性是黄土主要的性质，黄土在上覆土层自重或自重应力和附加应力共同作用下，受水浸湿后土的结构破坏而发生显著附加变形的特性称之为湿陷性，具有湿陷性的黄土称之为湿陷性黄土。并非所有的黄土都具有湿陷性，黄土分为湿陷性黄土和非湿陷性黄土。湿陷性黄土是在干旱半干旱气候条件下形成的，在干旱、少雨气候下，黄土沉积过程中水分不断蒸发，上覆土层不足以克服土中形成的固化黏聚力，因而形成欠压密状态，具有肉眼可见的大孔隙，一旦受水浸湿，固化黏聚力消失，则产生沉陷；而非湿陷性黄土孔隙较小，拥有相对较密实、较稳定的结构形态，工程性质与一般黏性土无异，这也说明黄土的力学性质更多的取决于土体的结构形态。黄土的湿陷性受多个因素影响，黄土中胶结物的多寡和成分，以及颗粒的组成和分布，对于黄土的结构特点和湿陷性的强弱有着重要的影响，胶结物含量大，可把骨架颗粒包围起来，则结构致密，湿陷性降低；黏粒含量特别是胶结能力较强的小于 0.001mm 颗粒的含量多，使湿陷性降低并使力学性质得到改善，反之，粒径大于 0.005mm 的颗粒增多，胶结物多呈薄膜状分布，骨架颗粒多数彼此直接接触，其结构疏松，强度降低而湿陷性增强；黄土中的盐类及其存在状态对湿陷性也有着直接的影响，如以较难溶解的碳酸钙为主而具有胶结作用时，湿陷性减弱，但石膏及其他碳酸盐、硫酸盐和氯化物等易溶盐的含量越大时，湿陷性越强；黄土的湿陷性还与其孔隙比和含水率等土的物理性质有关，天然孔隙比越大，或天然含水率越小，则湿陷性越强，一般当干密度超过 1.50g/cm³ 或孔隙比小于一定值后，黄土就不具有湿陷性；黄土的湿陷性还与土层深度和外加压力有关，随深度呈减小趋势，外加压力越大，湿陷量也显著增加，但当压力超过某一数值后，再增加压力，湿陷量反而减少。图 2-10、图 2-11 是黄土高原中湿陷性最强烈、最典型的陇西黄土梁峁湿陷性、湿陷起始压力随深度变化曲线，陇西黄土具有湿陷土层厚度大、湿陷等级高、湿陷性敏感、伴生不良地质现象发育等特征，对工程建设的危害和潜在威胁较大。

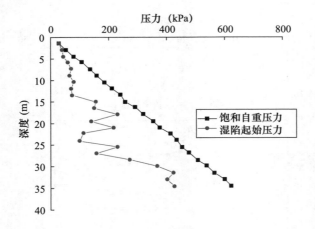

图 2-10 饱和自重压力、湿陷起始压力随深度变化

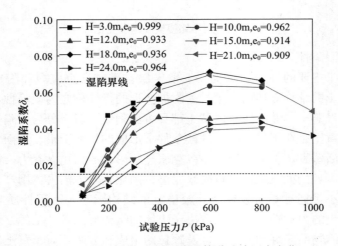

图 2-11 不同深度试样湿陷系数随试验压力变化

由上述可知，湿陷性黄土是一种特殊土，湿陷的内因是其欠压密性、溶盐性和架空结构性，由此使得其一旦受水浸湿，会产生明显的沉降变形。湿陷变形会导致其上建（构）筑物的损伤或破坏，故需对其进行加固或处理，主要采用对原状土进行压（夯）实的方法，以加大土体的密实度、减小土体的孔隙，从而提高土体的承载力并降低压缩性；也可以将其挖除，用回填料进行压（夯）实填筑。

（6）黄土的结构性

黄土是一种典型的结构性土，其成分和土粒间的接触形态决定了其物理力学性质。黄土微结构能显示出黄土骨架颗粒的接触关系和孔隙结构特征[9]，可以更好地认识和了解黄土的结构性及其性质。

黄土体的结构由结构体（单矿物、集合体和凝块等骨架颗粒）、胶结物（黏粒、有机质和盐类、水）和孔隙（大孔隙、架空孔隙、镶嵌孔隙和粒内孔隙）三部分组成。

黄土体中的骨架颗粒的联结是控制黄土强度和工程性质的主要因素之一。骨架颗粒是通过黏粒物质的胶结作用来实现的，构成黄土结构体系的支柱，骨架颗粒形态表征传力性能和变形性能，骨架颗粒间的连接方式直接影响着黄土结构体系的胶结强度。黄土的骨架颗粒主要是大于 0.005mm 的碎屑颗粒，骨架颗粒的存在状态及相互关系决定着黄土的工程性质，如湿陷性和压缩性。

黄土体中的孔隙类型和分布形态、大小是影响土体工程性质的又一主要因素。根据孔隙的大小、形状及与骨架颗粒排列的方式，土中孔隙可分为大孔隙、架空孔隙、镶嵌孔隙和粒内孔隙[10-11]。粒内孔隙是指颗粒内部的封闭孔隙，其稳定性最好，对黄土体物理力学性质影响小。

图 2-12　黄土体的微观结构（×500）[12]

从图 2-12 黄土体的微观结构 SEM 图可以看出，黄土体土质疏松，土颗粒排列不紧密，存在较多孔隙；颗粒组成以粉粒单粒为主，有少量的微细碎屑碳酸盐胶结成的集粒，无定向排列堆积成空间骨架结构；颗粒之间多为接触连接，主要为架空-镶嵌孔隙，以架空孔隙为主，普遍存在多个孔径大于 $32\mu m$ 的孔隙，孔隙较大且连通性好。可以看出黄土体结构最显著也是最本质的特点就是架空孔隙，它决定了黄土体潜在的不稳定性，当颗粒接触处聚集着较多的胶结材料时，对骨架颗粒起着焊接作用，使得天然含水率状态下的土体有一定的强度，而一旦浸水使胶结失效，沉降变形就不可避免地发生。故改变黄土架空孔隙的结构特性是改良（或处理）黄土的本质所在，对原状黄土进行处理而采用的挤密法、强夯法，实质上都是挤、压来减小黄土的孔隙；而压实黄土是通过重塑形成微小孔隙的镶嵌结构而提高其力学性能，改良黄土则主要是通过添加胶凝物质以改变骨架颗粒的接触关系和孔隙特征以达到改良目的。

3   压实黄土的性质

前述章节介绍了黄土体（原状黄土）的地貌特征、地层、颗粒组成、矿物和盐类组分以及基本物理力学性质。压实黄土是以扰动后的黄土为土料，通过压实形成的一种新的土颗粒接触模式的重塑土。压实黄土与黄土体相似部分为颗粒组成和矿物及盐类组分，本质的区别在于土的结构性的改变与重构，压实黄土的压实过程是土体微观结构的重塑过程，由此压实黄土的物理力学性质也随之变化。本章主要在第二章的基础上详细介绍土的压实原理、压实黄土的性质及其影响因素等相关内容，以期为后续黄土改良介绍提供必要性和原理性认识。

3.1   压实原理

土体是一种由土颗粒、孔隙水、孔隙气三相组成的材料，三相组成间质量和体积比例关系可以反映出土的一系列物理性质，而这三相中的湿度、密度等物理状态的变化，直接影响着土体的力学状态，如坚硬与软弱、干燥与潮湿、密实与松散等。土的物理状态与其力学性质密切相关，故可以通过改变这些物理状态，使土的力学及工程性质变化以满足工程需要。土的压实过程就是对这些物理状态的改变过程，工程中常常通过冲击、锤击、碾压等压实功能的作用排出土料中的空气，减小土体孔隙率，使土料排列更加密实，从而提高土体的力学性能。

土体压实原理是用机械方法将固体土粒聚集到更紧密的过程，这样可使土的干密度增加。这个过程既不同于土的固结，也不同于土的一般压缩，而是土颗粒和粒组在不排水条件下的重新组构过程。土的固结是土在静压力作用下，水和气从土体中排出的过程。而压实则是在冲击荷载的反复作用下，颗粒重新排列，土内因气态体积减少而变得密实，含水率不发生变化。

对压实过程机理的解释，有普科特的毛管润滑理论、霍金托格的粘滞水作用理论、希尔夫的孔隙水压力理论以及兰姆的表面物理化学理论等。普遍的看法是，土体含水率较少情况下，由于包裹在颗粒表面的水膜很薄，要使颗粒产生相互移动需要克服很大的粒间阻力（毛细压力或结合水的剪切阻力），在一定的外部压实功能作用下，还不能有效地克服粒间阻力而使土粒相对位移，这时土粒不易压实，压实效果较差；随着含水率的增加，颗粒表面水膜逐渐变厚，水膜的润滑作用使得土粒易于移动而便于压实，所以压实效果较好；但当含水率增加到一定程度后，孔隙中出现自由水，结合水膜增厚，由于自由水充填于孔隙之中，阻止了土粒移动，且孔隙水压力的上升又抵消了部分击实功，所以压实效果又趋于下降。由此可知，土体存在一个含水率的界限值，可以使土体的干密度达到最大，这就是土的压实原理，这个界限含水率称为最优含水率，即在一定的压实功能下，土体含水率达最优含水率时，可得到最佳压实效果。因此，在实际工程中，对于一定的土料，通过控制其含水率使土料在击实功一定时干密度达到或趋近于最大干密度，进而获得更好的土体压实效果，达到压实土较为理想的工程性质。

土料压实的理论本质是土的三相（颗粒、水、空气）之间的体积变化理论，即用锤击法使土中空气自孔隙中逸出，土颗粒得到重新排列，随着含水率的不同排列也在变化，该过程改变了黄土的骨架颗粒构成、孔隙类型和分布形态、大小特性。当土颗粒的排列达到最大干密度及相应的含水率（压实所要求指标）之后，压实作用大部分被水分所承担，土颗粒上的有效应力变小，所以干密度随含水率的增加而降低。干密度的峰值称为最大干密度，最大干密度所对应的含水率称为最优含水率。不同土质的最大干密度和最优含水率不一样，如图 3-1 所示不同土质的击实曲线，随着土颗粒粒径的增大，土的最大干密度增大，而最优含水率相应减小，这当然是因为随着土颗粒粒径的增大，比表面积减小，土粒间引力也愈小，土颗粒相对移动所需的水量就会减少。同一压实方法、压实功条件下，获得压实土的最大干密度是土料通过压实而具有良好工程性质的前提。

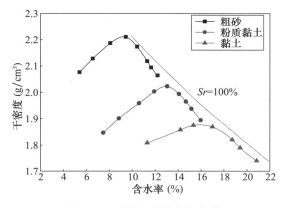

图 3-1　不同土质的击实曲线

同样，对于同一土质，土的最优含水率及最大干密度也不是常量，还受到压实功的影响，如图 3-2 所示。随着压实功的增加，土的最大干密度增加，而最优含水率却逐渐减小。同一含水率下，压实效果随压实功增加而增加，但增加的速率却是递减的。当含水率较小时，压实功对压实效果影响显著；含水率较大时，含水率与干密度的关系趋近于饱和线，再提高击实功将是无效的。因此，实际工程中可以通过增加压实功来提高压实土的密实度，降低最优含水率，但压实功增大到一定程度以上，压实效果提高不明显，单靠压实功来提高压实土的最大干密度是有一定限度的，因此需要控制好压实功和含水率之间的关系，用尽量小的能量达到规定的密实程度。最大干密度和最优含水率可通过室内击实试验得到，《土工试验方法标准》（GB/T 50123—2019）[13] 和《公路土工试验规程》（JTG 3430—2020）[14] 中对室内击实试验的击实仪主要参数、击实试验方法和适用土样粒径均有规定。目前，我国通用的击实试验分为轻型击实和重型击实两种，表 3-1 为《公路土工试验规程》（JTG 3430—2020）中给出的击实试验方法种类。轻型和重型击实试验的单位体积击实功[13] 分别约为 592.2kJ/m³ 和 2684.9kJ/m³，重型击实试验的单位体积击实功约为轻型击实的 4.5 倍。规范规定室内击实试验一般根据工程实际情况选用轻型击实或重型击实，我国以往采用轻型击实试验比较多，建筑工程、水库、堤防等填土采用轻型击实试验，公路、机场跑道等填土采用重型击实试验。从土料粒径方面选择，轻型击实试验更适用于粒径小的黏性土，黄土以粉粒（0.075～0.005mm）颗粒含量为主，故一般常采用轻型击实试验；但有些改良后的黄土由于发生了团粒化反应，改良土的颗粒粒径有明显的增大，采用压实功较大的重型击实试验更为合适。

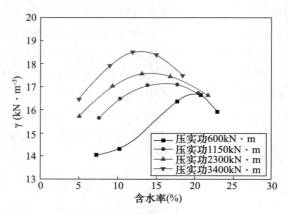

图 3-2   不同压实功的压实曲线

表 3-1   击实试验方法种类[13]

试验方法	类别	锤底直径（cm）	锤质量（kg）	落高（cm）	试筒尺寸		试样尺寸		层数	每层击数	最大粒径（mm）
					内径（cm）	高（cm）	高度（cm）	体积（cm³）			
轻型	Ⅰ-1	5	2.5	30	10	12.7	12.7	997	3	27	20
	Ⅰ-2	5	2.5	30	15.2	17	12	2177	3	59	40
重型	Ⅱ-1	5	4.5	45	10	12.7	12.7	997	5	27	20
	Ⅱ-2	5	4.5	45	15.2	17	12	2177	3	98	40

工程中，为了便于控制填土的质量和提高施工效率，通常需要先进行压实试验。一般压实试验分为室内击实试验和现场填筑试验两种。室内击实试验是现场压实土情况的近似模拟，用锤击法将土击实，得到不同击实功能下土的压实特性，确定所选土料的最大干密度和最优含水率等施工控制参数，以便指导现场施工。现场填筑试验是在现场选择一片试验地段，按设计要求、施工控制参数和施工方法进行施工，并进行相关测试，以验证设计参数、施工条件及施工效果。

实际上，室内击实试验和现场填筑试验施工是有差异的，击实试验是土样在有侧限的击实筒内进行，不可能发生侧向位移且夯实均匀，是在最优含水率状态下所获得的最大干密度。而现场施工土料的含水率很难达到最优含水率，压实时铺填厚度也很难控制均匀，实际压实土的均质性较差，很难达到室内试验所得到的最大干密度，因而现场填筑试验对压实土的压密程度以压实系数来要求，压实系数 λ_c 由控制干密度与最大干密度的比值确定，其本质就是达到最大干密度的程度，故在试验研究中按百分数计也称为密实度或压实度。

3.2　黄土的压实性及影响因素

黄土具有较好的压实性，一般黄土的最优含水率在 15%～18%，最大干密度在 1.72～1.78g/cm³，相对于最优含水率的变化范围，最大干密度变化幅度较小。图 3-3 为兰州粉土类黄土的击实试验曲线，可以看出黄土的压实曲线峰值比较平缓，说明接近最大干密度所对应含水率的范围比较宽，这更有利于施工效果的控制。同样，黄土粒径的不同，最优含水率和最大干密度也有所变化，最优含水率随着土颗粒粒径的增大而减小，最大干密度随着土颗粒粒径的增大而增大。图 3-4 为部分地区黄土（轻型）击实试验曲线，曲线也显示了最优含水率和最大干密度的变化规律，粉质黏土类黄土的最大干密度小于粉土类黄土，而最优含水率大于粉土类黄土；兰州地区较陇西地区偏西北，黄土中的黏粒含量较少，故兰州黄土的最大干密度较大、最优含水率较小。由图 3-3、图 3-4 还可以看出，含水率对干密度的影响很大，含水率大于最优含水率时对干密度的影响要远大于含水率低于最优含水率时，而且粉质黏土所受的影响要大于粉土，即对于黏粒含量多的粉质黏土，含水率宜小不宜大，应控制在 $\omega_{op}\pm2\%$ 范围内。

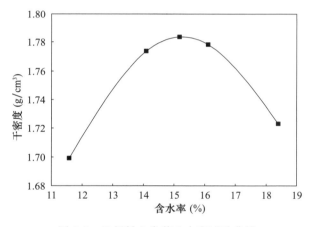

图 3-3　兰州粉土类黄土击实试验曲线

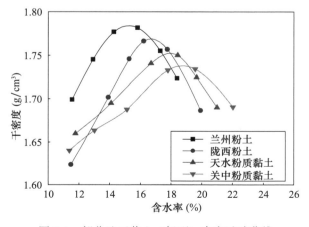

图 3-4　部分地区黄土（轻型）击实试验曲线

黄土的最优含水率及最大干密度同样也受压实功的影响。改变压实功,击实曲线的基本形态不变,但曲线位置随着压实功的增加向左上方移动,如图 3-5 所示,即加大压实功能时,黄土的最大干密度增加,而最优含水率却减小。工程中碾压遍数从 6 遍提高到 12 遍,最大干密度提高到 1.02 倍,碾压遍数从 12 遍提高到 24 遍,最大干密度也提高到近 1.02 倍,由此可见压实功增大到一定量时,功效就会下降。实际工程中,压实功体现为机械的压实能力和压实遍数,一般来说选用重型机械减少遍数的方式更为合理,碾压遍数一般不宜超过 12 遍。重型机械压实能力大,压实效果好,生产效率高,单位压实功小,费用低,应优先采用,但要注意不能因为功能大而引起土体破坏或对邻近建构(筑)物产生危害。

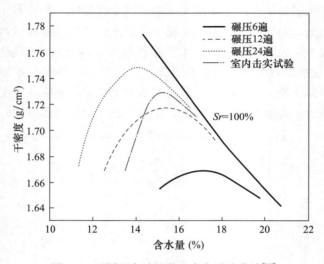

图 3-5 不同压实功的黄土击实试验曲线[15]

黄土的压实可采用机械碾压,如平碾、振动碾、羊角碾,常用的机械有推土机、压路机、羊角碾、振动碾、蛙式夯等,填筑施工时应分层碾压,且应根据具体施工方法和施工机具通过现场试验确定土料含水率、机械能量、铺筑厚度、碾压遍数和碾压速度等施工参数。黄土以粉粒为主,黏粒含量少,级配较差,不易压实,选用组合碾压机械效果更好。光轮压路机碾压,填土表层容易形成一层 8~10cm 的硬壳,压实功很难向下传递;羊角碾能将填土层中下部压实,但表层近 10cm 会出现松散,凹凸不平,且加快水分散失。故采用先羊角碾碾压后用光轮压路机碾压的组合碾压法[15],可使填土上下部均密实。黄土不易压实,故一般铺筑(虚铺)厚度不超过 30cm,铺筑厚度的增加会使对应的碾压遍数急剧增加,大大削弱压实效果。

黄土地区大部分为干旱和半干旱气候,黄土土料的原始含水率均较低,需增湿至最优含水率,这给现场施工带来一定难度,增湿的准确性和均匀性对压实效果有很大的影响。

3.3 压实黄土的性质

压实黄土与黄土体虽然成分和组成相同,但两者结构的不同使得其物理力学特征大相径庭。对于一定的黄土材料，其压实后的性质更多地取决于含水的程度和压实的程度，两者决定了压实黄土新的结构。一般而言，压实后黄土不再具有黄土体自然堆积形成的架空结构，骨架颗粒主要以镶嵌接触为主，孔隙所占体积比例大大减小，物理力学性质较原状黄土有很大提升，比如粉质黏土类压实黄土的最大干密度约为 1.78g/cm³，而粉土类压实黄土的最大干密度约为 1.73g/cm³，密实程度均大于原状黄土体。压实黄土的物理力学性质与其压实度、干密度密切相关，不同地区黄土在颗粒组成、含盐量、结构性等差异导致其经压实后的土料性质也有差异。要做到系统地具体分析不同地区、地貌以及不同颗粒组成的压实黄土性质是比较困难的，以下对压实黄土强度、变形、渗透、结构等性质的阐述中以粉土类黄土为主，也有涉及土料类型的影响，更多的压实黄土的性质会在改良黄土性质的研究中作为对比项论述。

（1）压实黄土的压缩性

压实黄土的压缩性随压实度的增大而降低，压缩模量也相应增大。图 3-6 为压缩模量随压实度变化规律的曲线，从图 3-6 中可以看出，当压实度达到 95%，压缩模量可达 24MPa，这已远高于黄土体。由图 3-7 可见，在 200kPa 以内的低压力下，随压实度变化其变形变化很小；在 800kPa 以上的高压力下，随压实度变化其变形变化相对较大；但在不同压力下，压实后黄土其压缩性很小、变形量小。

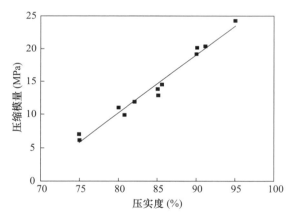

图 3-6　压实度与压缩模量的关系[10]

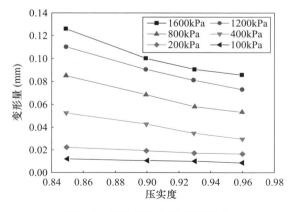

图 3-7　压实度与变形量的关系

（2）压实黄土的强度特性

图 3-8 为含水率为 14％时不同干密度下压实黄土应力-应变关系曲线，图中曲线表明在含水率不变时，随着干密度 ρ_d 的增加，无侧限抗压强度逐渐增加，当干密度较低时，应力-应变关系为软化型；当干密度达到 1.8g/cm^3 时，试样的脆性破坏现象显著。同时，随着试样干密度的增加，试样应力-应变曲线的弹性变形阶段的变形范围和直线段斜率变大。

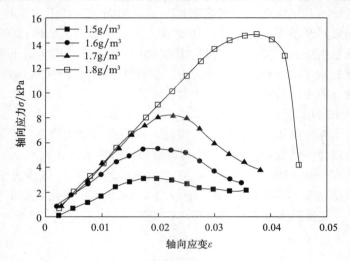

图 3-8 压实黄土应力-应变的关系（含水率 14％）[17]

压实黄土的密实度对其无侧限抗压强度有很大影响，图 3-9 为压实系数与无侧限抗压强度的关系曲线，从图中可以看出，当含水率 ω 一定时，压实黄土无侧限抗压强度随压实系数的增大呈线性增加；土体密实度增加 1％，无侧限抗压强度可提升 7.0％～11.3％。所以，工程中以压实系数作为施工控制指标，以保证压实土的质量和效果。

含水率对压实黄土无侧限抗压强度的影响如图 3-10 所示，当压实系数 K 一定时，压实黄土无侧限抗压强度随含水率的增大而减小；含水率增加 1％，无侧限抗压强度降低 8.4％～15.8％。当然这是含水率在最优含水率附近一定范围内变化的规律，若含水率超出此变化范围（16％），无侧限抗压强度随含水率增加而降低的幅度会更大。

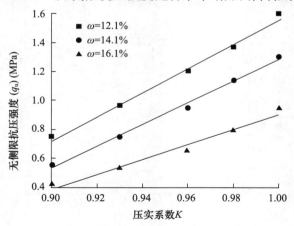

图 3-9 压实系数与抗压强度的关系[18]

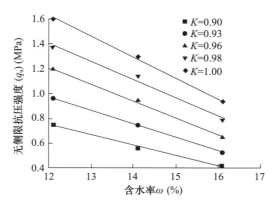

图 3-10　含水率与抗压强度的关系[18]

　　图 3-11、图 3-12 为压实黄土在最优含水率下直接剪切试验的抗剪强度参数，随着压实度的增大，土粒间越加密实，土颗粒相互运动时的摩擦也越大，使得内摩擦角呈非线性增加；同时，土粒间的距离减小，粒间引力增大，黏聚力随压实度的增大而增加，呈近似直线增加。在同一压实度条件下，含水率小时，内摩擦角大，其原因是含水率小时，土粒周围的水膜相对较薄，润滑作用小，使得内摩擦角大。

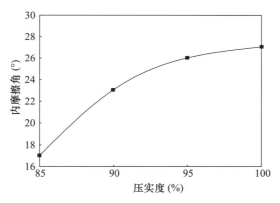

图 3-11　压实度与内摩擦角的关系

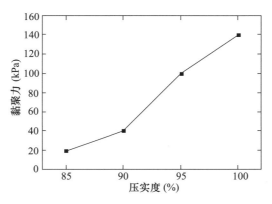

图 3-12　压实度与黏聚力的关系

压实黄土的强度也具有龄期性，重塑土需要一定的时间后性能才能达到稳定。图3-13 为在竖向压力 $\sigma=300\text{kPa}$ 下抗剪强度与龄期的关系[19]，从图中可以看出压实黄土的抗剪强度随龄期的增大而增大，且在 28d 内抗剪强度增大较快，28d 以后增大速率逐渐缓慢。龄期对压实黄土的黏聚力和内摩擦角的影响也有差异，内摩擦角 28d 后增大速率较缓慢，而黏聚力在 28～360d 内仍有可观的增长，因而抗剪强度也还有一定的增长，故以 28d 作为压实黄土的标准龄期留有一定的安全储备。图3-13 还显示出压实后的粉土黄土和粉质黏土类黄土有相似的龄期效应规律，但黄土土性不同，压实后的抗剪强度值也有所不同。

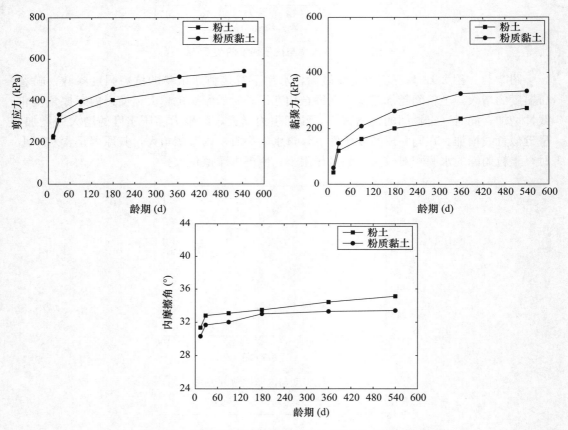

图 3-13　抗剪强度指标随龄期变化（300kPa 垂直压力）

（3）压实黄土的渗透性

水浸入土中的入渗量是表征渗透性的物理量之一，水的入渗量和压实后黄土孔隙率密切相关。图3-14 为黄土不同压实度入渗量随时间变化，从图中可以看出，随着压实度的增加水的入渗量减少，压实度大时，土的入渗率较小且入渗率很快趋于稳定。当压实度在 95％附近时，入渗率显著降低；当压实度为 100％时，入渗率很小，可认为几乎不入渗。这是由于压实度大，粒间孔隙小，因而导水率和扩散率均小，不利于水分运动和气体的排出，故压实度越高，土的孔隙率越低，水的入渗量就越小。水的入渗量还受入渗时间的影响，随着入渗时间的增加，入渗量以增函数形式上升，特别是压实度较低的土体，增长速率更大，表明只要土颗粒间存在孔隙和外界有水源的供应，入渗量就会随着时间的增长而增大。

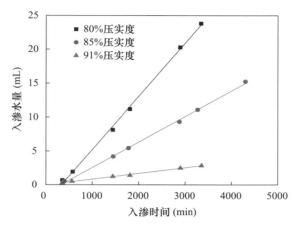

图 3-14　入渗时间与累计入渗水量的关系

龄期对压实黄土的渗透性影响也很大，图 3-15 为压实黄土渗透系数随龄期的变化规律，从图中可以看出，渗透系数在 28d 龄期内急速减小，28～60d 缓慢减小，90d 以后变化幅度很小，趋于平缓，压实黄土的渗透系数稳定在 10^{-7} 数量级。压实黄土的渗透性与土颗粒的粒径有关，颗粒的粒径越小渗透性越低，压实后的粉质黏土的渗透性小于粉土的渗透性。总的来说，压实黄土的渗透系数可以达到 10^{-7} cm/s，属于低渗透性土，具有一定的隔水、防渗性能。

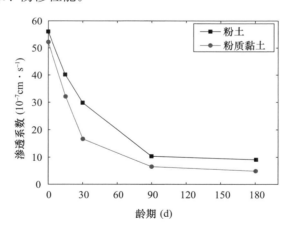

图 3-15　渗透系数随龄期的变化曲线

（4）压实黄土的湿陷性

虽然压实黄土不再具有架空结构，大孔隙数量减少，总孔隙体积降低，但是如果压实程度较低，土中仍然存在较大孔隙，在一定压力下浸水，土颗粒仍然会发生移动调整，孔隙结构随之变化，从而出现湿化变形，也可称之为湿陷变形。如图 3-16 所示，压实黄土的湿陷系数随压实度的增加而减小，压实度为 85％时，湿陷系数接近 0.015，压实度大于 90％时，其湿陷系数变化很小，其值基本接近于零，即可认为无湿陷性。

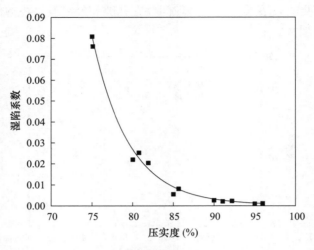

图 3-16　湿陷性随压实度的变化曲线

（5）压实黄土的结构性

土的击实特性、抗压强度、抗剪强度等物理力学性质，以及渗透、崩解等水理性质都是土宏观性质的体现。土的结构性即微观结构是指土粒的大小、形状、排列及相互的联结方式、孔隙形态与分布等，土的宏观工程性质与其微观结构密切相关，微观结构可反映土体工程性质变化的原因，其中土的微观 SEM 图片是直观展示土的微观结构的手段之一。压实黄土是通过重塑形成密实土体而提高其力学性能，如图 3-17 所示压实黄土的微观 SEM 图片，黄土压实后土颗粒之间排列紧密，孔隙较小，颗粒相互之间搭接堆叠，黄土的骨架颗粒基本呈镶嵌状排列。压实黄土结构较为致密，虽然颗粒间仍有可清晰观测到的孔隙，但较原状黄土的孔隙差别很大，原状黄土主要是孔径大于 $32\mu m$ 的大孔隙和孔隙在 $8\sim32\mu m$ 的中孔隙，压实黄土的大孔隙急剧减少，中孔隙有所减少，小孔隙和微孔隙也有减少，图 3-18 可以认为压实黄土具有较为致密的孔隙结构。

图 3-17　压实黄土 SEM 图片（×500）[12]

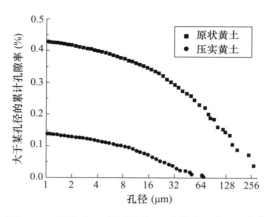

图 3-18　压实黄土和原状黄土累计孔隙率对比[12]

压实黄土粒间为镶嵌接触，压实黄土的微结构类型为粒状、镶嵌、接触结构，其孔隙小、结构稳定，强度高、变形小；黄土体的微结构类型为粒状、架空-镶嵌、接触结构，其孔隙大、结构不稳定、有较大的变形空间。压实黄土与黄土体结构上最主要的差别在于孔隙结构的不同，也就是说，通过压实改变的主要是孔隙结构。但是，土中的孔隙总是存在的，而黄土经压实后土中孔隙已经大幅度减小，近乎致密孔隙结构，此时再增大压实功和密实度，对孔隙结构的改变微乎其微。所以，改变黄土颗粒的胶结性、硬凝性和团粒化等化学改良是更加有效的改良方式。

4　黄土改良的目的及意义

4.1　改良目的

　　土壤改良是为达到工程目的对土料进行改善的工程措施，改良后的土料要求能够满足工程某一或某些功能的需要，因而对土料的改良与其应用的工程性质息息相关。工程对土料改良的目的因工程用途和要求而不同，但主要改良的目的有两方面，一是提高结构强度，二是提高水稳性。结构强度也就是力学性能，这是工程材料的基本性质，无论是用于建（构）筑物的地基、路基还是用于堤坝、边坡的填筑，都需要承受外荷载或自重荷载，提高结构强度是最基本的需求；水稳性是指水环境下保持其力学性质的稳定性，这对于不可避免水环境作用的工程非常重要，黄土就是水稳性较差的工程材料，其在较低含水率时具有较高的力学强度，而吸湿后强度有较大幅度的降低，这就可能引起地基破坏、场地沉降、坝体渗漏和滑坡等问题，所以从某种意义上讲，提高水稳性比提高强度具有更重要的意义，特别是黄土这类水稳性较差的工程材料。当然，改良的目的不只是提高强度和水稳性这两方面，对于水工建筑、交通工程等，还有抗渗、抗冻、抗冲刷、抗腐蚀等耐久性的要求。土料的改良也与土料本身的性质关系密切，压实土的性质主要取决于土体的物质成分和结构特点，而结构特性更多的是取决于土中的胶结成分和土体的压密程度。因此，土料改良实质上是通过改变土的成分和结构性以达到改善性质的目的。

　　对于黄土的改良而言，广义上说是两方面的改良，一是对原状黄土体的改良，二是对作为工程材料的黄土土料的改良。黄土体是第四纪形成的一种多孔隙的陆相疏松沉积物，有肉眼可见的大孔隙，土体密实度较小，具有明显的湿陷性和可压缩性，特别是湿陷性具有一定的特殊性，在通常情况下含水率低，黄土体具有较高的承载力和较低的压缩性，而一旦受水浸湿，则会在自重或上覆荷载作用下产生明显的沉降变形，导致其上层的建（构）筑物的损伤或破坏，故需对其进行改良以满足工程要求。对黄土体的改良，也称为加固或处理[20]，主要采用压（夯）实的方法，以加大土体的密实度、减小土体的孔隙，从而提高土体的承载力并降低压缩性。强夯法和挤密桩法是最常用的对黄土体进行原位加固的方法，通过对土体竖向夯压和侧向挤压使土体密实；垫层法是另一种处理方法，不是直接对土体进行加固处理，而是挖出原状土体，回填并压实回填材料，良好的回填材料进行压（夯）实后具有较高的承载力和较低的压缩性以满足工程要求。黄土亦是一种较好的回填材料，在黄土地区常用的垫层法、挤密桩法常以黄土作为回填材料。

　　对黄土体的改良严格来讲应该称之为加固或处理，工程上也采用加固或处理的词语。狭义上的黄土改良应该是对黄土土料的改良，也就是本书所述的黄土改良，即对作为回填土、重塑土等工程材料的改良。黄土作为工程材料广泛地用于各类工程中，地基、边坡、路堤、坝体以及古城墙等，在广大黄土地区的各类工程建设中都发挥着极为重要的作用。但黄土的组成以粉粒为主，颗粒间的胶结性低，其本体性质[3]决定了单纯地通过压实改善黄土性质的局限性。从压实黄土的微结构也可以看出，虽然压实黄土不再具有架空结构，大孔隙数量减少，总孔隙体积降低，但是压实黄土仍然存在颗粒镶嵌排列导致的各类孔隙，这些孔隙仅仅通过压实作用已经很难消除或进一步减小，需要增强胶结和团粒化作用来提高土体的黏聚力及内摩擦角以提高土体的强度，而改善渗透性也需要增强胶结和填充细小孔隙，故寻求具有胶结、硬凝、填充、团粒化作用的掺合料，通过向黄土土料中添加掺合料使之与土体发生化学、水理等反应，利用反应生成物改变土体的成分和结构，达到改良土体性质的目的，是改良黄土的有效途径。目前工程建设中常用石灰、粉煤灰和水泥等掺合料，还有一些新兴的特殊掺合料，如钢渣、木质素等，均是通过与黄土的物理化学反应，发生胶结、硬凝、团粒化等作用，使得压实后的土体获得良好的强度、较低的渗透性和持久的稳定性。

黄土的改良与黄土自身的性质有关，更与社会经济发展和工程需求难以分割。在早期的建设中，作为物美价廉的工程材料，压实黄土应用于低层建（构）筑物的地基、高度较低的填筑边坡和土坝、低等级的公路路基等，在广大黄土地区的工程建设中发挥了极为重要的作用。压实黄土虽然能满足一些对强度和变形要求不高的建设工程，但受环境变化的影响较大，在长期干湿循环、动荷载、水入渗、渗透等因素影响下，可能出现强度降低、变形增大，导致上部结构裂缝、场地沉降变形、坝体渗漏等问题，影响工程的正常和安全运行。另一方面，随着社会经济的飞速发展和压实土应用领域的扩展，建设工程对压实土的要求也日益增高且趋于多元化，不仅仅是对强度和变形有更高的要求，同时对压实土的渗透性、水稳性、耐久性、环保性等提出了新的要求，因此需要黄土的改良也向着指标范围更广，单项指标更好的方向发展。不同应用领域催生了不同的改良要求，建筑工程对改良土的强度和变形要求较高；水利工程要求更多的是改良土的渗透性和水稳性；用于道路工程路基的改良土对其抗冲击、抗疲劳等稳定性要求高；作为生活垃圾填埋场防渗衬里时对渗透性和抗腐蚀性有特殊要求。掺合料种类与性质的变化拓展了黄土改良的新方向，灰土是最早出现的改良黄土，也是岩土工程中利用率最高的改良黄土，其抗压强度高、水稳定性好而被广泛用于建筑、交通和水利工程。石灰虽然分布广泛，但随着优质石灰储量的减少，现有部分石灰或完全熟化难度增大或亲水矿物质含量较高，使得灰土具有一定的膨胀性，给建设工程带来了危害，这就给灰土这一成熟的改良黄土提出了新的问题，需要根据变化对石灰改良黄土进行更深入的研究；又如，我国干旱半干旱地区废弃物及生活垃圾填埋场防渗衬里对渗透性的要求较高，采用单一的掺合料改良黄土很难达到要求，一些研究通过添加膨润土、水泥、粉煤灰等多种掺合料对黄土进行改良，开发出了新型的改良黄土防渗材料，并已付诸应用。可以看出，对黄土的改良一直围绕着工程需要、社会经济发展和国家政策进行，同时也随着改良土研究的进步而不断改进和发展。目前黄土的改良已经由早期的石灰、水泥对其的改良发展到粉煤灰、钢渣、膨润土等新型掺合料的改良，由单一的掺合料对黄土的改良发展到两种及两种以上的掺合料复合改良，特别是国家环境保护和创建资源节约型社会政策的要求，工业废料用于改良黄土成为改良土发展的新方向。

因此，合理地对黄土进行改良，提升压实黄土的力学性能、水理性、稳定性以及耐久性，使其能够更好地满足工程要求；根据工程需求进行精准改良，拓展黄土的应用范围，提高黄土在工程中的利用率，使黄土这个古老的工程材料焕发出勃勃生机，更多更好地服务工程建设，是广大岩土工程领域科技工作者与工程实践者的殷切盼望。

4.2　改良土类型

黄土改良的方法较多，通常可以分为物理改良和化学改良。物理改良是指掺合料不与土中成分发生化学反应，主要改变土颗粒级配、土粒表面水膜厚度和电层性质，使得发生团聚作用进而黏结土颗粒，使土的级配更合理，黏聚力增大，以增大压实黄土的密实度，常见的掺合料有黏土、木质素、膨润土、抗疏力[21]、橡胶颗粒[22]、钢渣等；化学改良是指土中掺入不同性质的固化剂，通过固化剂和土颗粒发生化学反应，产生硬化胶结颗粒，改变土的成分组成及结构型式，以提高其强度、刚度和水稳性的改良方法，常见的固化剂有石灰、水泥、粉煤灰、水玻璃[23]等。当然物理改良和化学改良的分类也不是绝对的，某种掺合料可能既有物理作用也有化学作用，例如钢渣对黄土的改良就既有物理改良也有化学改良。

掺合料可以分为有机材料和无机材料，黄土改良体系也可按照固化剂类型分为有机改良和无机改良，有机改良的掺合料为有机材料，例如生物酶、橡胶颗粒及一些高分子材料等，无机改良的掺合料为无机材料，包括石灰、水泥等，当前大多数改良均属于无机改良类型。

从改良材料发展历史来看改良方式可分为传统改良和新型改良，传统改良土的历史悠久，掺合料多为传统建筑材料，包括水泥、石灰等，目前工程应用依旧广泛，深受信赖；但随着工程建设大力发展，工程性能要求在不断提高，衍生出许多特殊要求，如抑尘、防腐、阻止离子迁移等，因而诞生了新型改良土，主要包括抗疏力改良土、木质素改良土、水玻璃改良土、赤泥改良土等。

从掺合料数量来看可分为单一改良和多元改良，单一改良土是指仅掺入一种改良材料，多元改良是指掺入两种或两种以上改良材料。黄土改良初期，只是单一改良土，如灰土、水泥土等，随着各类工程对改良土需求的增多，单一改良或难以同时兼顾多种改良性质的需求，或为了利用一些工业废料代替部分原有胶结材料，需要加入两种或两种以上掺合料才能达到改良要求，形成了多元改良土，如石灰＋粉煤灰改良土、钢渣＋石灰＋粉煤灰改良土、EICP＋木质素改良土[24]等。

按照掺合料的来源可分为非工业废料和工业废料两种形式，非工业废料发展源自追求高效的改良目标，石灰、水泥、抗疏力材料、水玻璃等属于此类型，工业废料发展源自兼顾工业废料利用和土体改良的初衷，常见有木质素、橡胶颗粒、粉煤灰和钢渣等。

我国工程建设中根据改良土掺合料的名称命名改良土名称，如灰土（石灰改良土），并依据掺量分为2∶8灰土和3∶7灰土，二灰土（石灰＋粉煤灰改良土），水泥土（水泥改良土）等。改良土掺合料中的石灰、粉煤灰、水泥等属于无机掺合料，此类掺合料改良土有硬凝反应，可以改善土的水稳性，故也称之为水硬性掺合料，我国公路、水利和建筑等部门将无机掺合料改良土称之为稳定土。

实际上，不同分类体系间并不是完全独立存在的，而是既有区别也有联系，包含的改良类型范畴也是既有重叠又有补充。比如按照应用的发展历史来看，早期改良黄土的应用多是出于改善建筑结构承载的特性，常利用无机材料石灰、水泥的水化反应胶结黄土颗粒，其应用目标单一，作为传统改良类型的同时也属于单一改良和无机改良，但是传统改良中的加入黏土改良则仅属于单一改良和物理改良。随着改良黄土应用范围的拓展及要求的复杂化，一些工况要求其具有强度高、变形小、防渗、防腐等多种性能，于是就出现了两种情况，一类是组合各种单一性能优越的常见材料形成石灰＋粉煤灰改良、钢渣＋石灰＋粉煤灰改良等，使得改良后黄土拥有多种优异性能，它们既属于新型改良，也属于多元改良，同时还属于化学改良。另一类则是发明并引入单一高性能材料，其一种材料便可拥有多种优越工程性能，如高分子聚合物改良、生物酶改良等，其既属于新型改良，又属于单一改良。总之，黄土改良的类型多样，划分标准和角度不一。对于工程应用而言，根据改良机理，应以改良目的和用途的关注因素为依据进行划分，更容易理解和阐述。

4.3　改良土的应用

改良土具有良好的工程性质，当应用在道路工程、建筑工程和市政工程中时，主要考虑其力学性质；当应用于水利工程时，主要考虑其水理性质。不仅如此，还有其他特殊工程会考虑利用改良土的特殊功能。

（1）道路工程

道路工程中的应用主要集中在路基、基层和边坡等。路基应具有较高的承载力和较小的不均匀变形量。《城市道路路基设计规范》（CJJ 194—2013）[25]规定，当采用细粒土填筑路基，填料最小强度不能满足要求时，可采用石灰、水泥或其他稳定材料进行处治。甘肃省定西市通渭至榜罗革命遗址公路建设工程为避免路床承载力不足、路基不均匀沉降等问题，对路床采用石灰改良黄土回填并压实，效果良好。另外，部分路基对水稳定性也提出了一定要求。地下水位高时，宜提高路基顶面标高，在设计标高受限制，不能达到中湿状态的路基临界高度时，应选用低剂量石灰或水泥稳定细粒土做路基填料，同时应采取在边沟下设置排水渗沟等降低地下水位的措施。

基层则应满足结构强度、荷载扩散以及水稳性等要求。无机掺合料稳定粒料基层属于半刚性基层，包括石灰稳定土类基层、石灰粉煤灰钢渣稳定土类基层、水泥稳定土类基层（图4-1）等，其强度高，整体性好，水稳性足够，适用于交通量大、轴载重的道路。某工程[26]全长300多千米，选择黄土为筑路材料，掺入石灰剂量为3％，采用175mm级配碎石基层＋125mm石灰稳定基层＋150mm的石灰稳定底基层，面对较多的降水天气，石灰稳定底基层依然保持良好的水稳定性。

边坡整体稳定但其坡面岩土体易风化、剥落，当影响边坡坡面的耐久性，以及边坡环境保护时，应进行坡面防护。抗疏力改良黄土在增加土体主动斥水性，保持强度的同时又不改变土体内部排水通道，应用于边坡加固时既可以抗冲刷，又可以种植植被，恢复生态。木质素改良黄土加固黄土边坡坡面时，边坡能获得较高的安全系数，且边坡稳定性也能得到较大提高。

图 4-1　水泥稳定土类基层

（2）建筑工程和市政管道工程

建筑工程和市政管道工程主要应用在地基处理方面。《湿陷性黄土地区建筑标准》（GB 50025—2018）规定，垫层材料可选用土、灰土和水泥土等，不应采用砂石、建筑垃圾、矿渣等透水性强的材料。当仅要求消除基底下 1～3m 湿陷性黄土的湿陷量时，可采用土垫层，当同时要求提高垫层的承载力及增强水稳性时，宜采用灰土垫层（图 4-2）或水泥土垫层。杨凌示范区田园居内，某小高层住宅楼[27]拟使用片筏基础，地基的湿陷性等级为Ⅰ级（轻微），综合分析，采用 2.5m 厚的 3∶7 灰土垫层，经计算，灰土垫层及其下卧层的地基承载力均满足设计要求，3 年后的平均沉降量不足 20mm，沉降也进入稳定阶段。

图 4-2　灰土垫层

当要求提高承载力或减小基础宽度和地基沉降量时，挤密桩复合地基的孔内填料宜用灰土（图 4-3）或水泥土等。西北某化工园区建筑物[28]拟使用独立基础，地基的湿陷性等级为Ⅱ级（中等），采用灰土挤密桩复合地基，达到了地基承载力的质控标准要求（不小于 150kPa），能够有效满足地基性能需要。水泥土搅拌桩复合地基（图 4-4）和夯实水泥土桩复合地基的桩孔内填料主要为水泥土。西安市南郊某单位办公楼总建筑[29]拟使用条形基础，而基底为饱和黄土，采用水泥土搅拌桩复合地基，成桩 28d 后测试，复合地基承载力标准值为 243kPa，处理后的复合地基变形模量 $E_0 > 18MPa$，地基上由高压缩性变为低压缩性，效果显著。

图 4-3 灰土挤密桩复合地基

图 4-4 水泥土搅拌桩复合地基

（3）水利工程

水利工程的主要目标就是防渗，改良土在衬里结构、封场覆盖结构、坝体中均有应用。衬里结构的防渗层要求黏土的渗透系数小于 1.0×10^{-7} cm/s。《生活垃圾卫生填埋处理技术规范》（GB 50869—2013）[30]规定，当填埋场区及其附近没有合适的黏土资源或者黏土的性能无法达到防渗要求时，将天然黏土基础层进行人工改性压实后达到天然黏土衬里结构的等效防渗性能要求后，可采用改性压实黏土类衬里作为防渗结构。封场覆盖结构亦是如此。陆海军等[31]采用颗粒活性炭、酸活化膨润土两种吸附剂改良黏土衬里，在重型击实的条件下，强度、渗透性等指标满足要求且可有效阻止渗滤液中重金属离子迁移，可以作为衬里的建造材料使用。

堤防的土石坝对筑坝材料的防渗要求相对较低，故较容易得到满足，然而特殊情况下依然可见改良土的应用。如某景观湖挡水坝[32]坝体结构为粉质黏土均质坝，坝长845m，坝高 18m，料场土料为过湿土，由于天气原因不具备翻晒条件，最终采用生石灰改良，可以有效降低土体的含水率，缩短填筑周期，同时提高土体的压实度；张庄铁矿尾矿库[33]筑坝土料具有膨胀性，采用石灰改良膨胀土，降低其自由膨胀率，消除土体的胀缩变形，是工程建设的有效方法。

（4）其他工程

高速铁路列车的高速、安全、平稳运行对路基变形提出了更高的要求，然而修筑高速铁路时，由于线路狭长、优质填料缺乏，郑西高铁客运专线部分路段采用6%水泥改良黄土作为路基填料，经现场填筑压实成型，长期沉降观测表明，水泥改良黄土可以很好地满足路基对变形的要求。部分地区黄土对钢筋混凝土的腐蚀严重，采用水泥改良，可以有效防止硫酸盐类腐蚀。阿根廷联邦公路管理局在布宜诺斯艾利斯市利用木质素改良土路面扬尘，如图4-5所示，通过观察、测试，现场基本没有扬尘，效果明显。

图 4-5　木质素改良道路路面

5 石灰改良黄土

5.1 概述

石灰改良土是将熟石灰按照一定比例掺入土料形成的混合土料，通常称为灰土。本章节特指石灰对黄土的改良，即在黄土中掺入一定比例的石灰对黄土进行改良，黄土与石灰的混合料称之为石灰改良黄土，亦称之为灰土。

石灰是一种以氧化钙为主要成分的气硬性无机胶凝材料，对黄土的改良正是利用了石灰的胶凝性。石灰中的 CaO、$Ca(OH)_2$ 和 $CaCO_3$ 与土体及土体中的水发生离子交换，产生了复杂的晶体结构，形成石灰团粒和灰土团粒，改变了土体的颗粒成分，经过胶结使得土体强度增大，孔隙比减小，从而提升了土体的工程性能。石灰石、白云石、白垩、贝壳等碳酸钙含量丰富的天然矿石都可作为石灰的生产原料，将其在适当的高温下煅烧排除分解的 CO_2 后即为生石灰。一般在石灰生产矿石煅烧过程中，由于温度控制不均匀等原因，常常含有过火石灰和欠火石灰。欠火石灰中的碳酸钙未完全分解，使用时缺乏粘结力，产浆量小，质量较差，利用率降低。过火石灰结构密实，表面常包覆一层熔融物，水化速度大大减慢，在硬化后才与水发生水化反应，产生较大的体积膨胀，致使硬化后的石灰表面局部产生鼓包、崩裂等现象，工程上称之为"爆灰"，所以在建筑工程应用中必须消除过火石灰和欠火石灰的不利影响。此外，生石灰的主要成分为氧化钙，具有很强的吸水性与膨胀性，因此必须经过熟化后才能在一般建筑工程中应用。其中，熟化是指生石灰加水反应生成氢氧化钙的过程（亦可称为消化），反应生成的氢氧化钙称为熟石灰或消石灰，且根据加水量的不同，石灰可熟化成消石灰粉或石灰膏。石灰熟化时会放出大量的热，体积增大 1.5～2 倍，而煅烧良好、氧化钙含量高的石灰熟化速度快，放热量和体积增大也更多。同时，为消除过火石灰的危害，石灰在熟化后，还应"陈伏" 2 周左右。生石灰中的 CaO、MgO 含量越高，熟化反应越充分，得到的熟石灰稳定性越好。自然界中石灰矿石储量巨大，且石灰生产工艺简单，成本较低，其良好的胶凝特性已经被广泛利用至建筑行业的很多方面，我国也因此每年石灰用量巨大，远远超过世界其他国家。

石灰在土木工程中的应用历史悠久，在古罗马时期，将石灰掺入土配制成灰土铺筑道路，原理就是石灰是气硬性凝胶材料，其与土体中 SiO_2、Al_2O_3 等矿物成分发生化学反应，生成物充当胶结物质将临近土粒牢固粘结。我国在公元前七世纪开始使用灰土，例如南北朝时期南京西善桥的南朝大墓门前地面就是利用灰土夯实而成的，从北京 400 多年前的城墙基础收集到的灰土，抗压强度达 5.8MPa 以上；灰土材料还被用于一些水工构筑物，例如陕西三原县清龙桥的护堤即是用灰土建造的，北京故宫后门外的护城河石护岸后有一道用灰土建造的衬里，顶面厚 1m，底面厚 1.7m，表面坚硬似花岗岩，它不但能抵抗后面的土压力，同时也能起到防止渗漏的作用。随着不断应用并积累经验，到清雍正年间，以国家名义颁布的《工部工程做法则例》首次对灰土配合比和施工方法做了规定，这是第一部涉及灰土施工的政府建筑标准。中华人民共和国成立以后，我国在大规模的基础建设中广泛采用灰土作为建筑物和构筑物的地基，采用灰土作为基础的房屋已高达6~7层。此外，在地基处理工程中，灰土不仅作为一般基础的垫层材料，也作为挤密桩的填料来加固湿陷性黄土等地基。随着对灰土认识的加深，世界上各国也将灰土应用到公路、铁路、水利等领域发挥着重要的作用。在我国，自1954年开始灰土被用作了路面基层，此后的几十年间，灰土一直作为高等级路面的主要基层类型，广泛应用于我国高速公路和城市道路建设，几乎全国的每个地区、每个省份都有应用灰土作为基层的公路，一段时间内石灰土几乎是我国道路唯一的半刚性材料[34]。工程的应用实践需要相应的科学研究指导与辅助，灰土广泛应用的同时对其的理论研究也在持续进行，从20世纪60年代起，国内外学者就对石灰加固土的微观反应机理进行了大量的研究，对灰土的物理力学性质及其影响因素、灰土随时间的物理、化学作用及力学性质的演化进行了分析研究[35~39]，并取得了一些重要成果，对工程实践具有指导性意义。时至今日，石灰改良土已经不仅限于黏性土，石灰改良软土、膨胀土、盐渍土等各类特殊土也已被研究应用，各个国家也相继形成了相应的行业标准，例如日本的《建造物设计标准解说》、德国的《铁路土工建筑物规范》（DS 836）、我国的《建筑地基处理技术规范》（JGJ 79—2012）等都规定了灰土的应用技术，使灰土的应用更加规范。

灰土在岩土工程实践中表现出诸多应用优势，其适应性强，性价比高，应用范围广泛，但也有一些不可忽视的缺点，例如当阻断硫酸盐类腐蚀性离子迁移时，灰土的屏障作用就弱于水泥土。因此灰土的工程应用依赖于多种因素，同时也存在一些普遍结论和工程习惯，例如诸多研究表明灰土性能受配合比、龄期影响显著，其强度会随配合比的增加先增大后减小，存在最优配合比[40]等。我国在灰土的工程应用中兼顾经济和性能指标，一般采用3∶7、2∶8灰土，即石灰与土按照体积比3∶7或2∶8加水拌和，作为公路铁路路基、边坡、基坑肥槽、大坝等的回填岩土材料。为保证灰土的改良性能发挥，对改良原材料石灰、土料等均有要求，如规定石灰应选用新鲜消石灰，即熟石灰，使用前石灰应过筛，最大粒径不得超过5mm，有效氧化钙和氧化镁含量不低于60%，储存较久或经过雨期的消石灰应经过试验确定氧化物含量后方能使用；土料一般选择黏性土，土中有机质含量不超过10%，当土中硫酸盐含量超过8%时不宜用石灰改良，土中不得含有松软杂质及盐渍土、膨胀土，当利用石灰稳定级配砂、级配碎石时，应添加15%左右的黏性土。

灰土成为黄土地区建设工程中应用最多、最广泛的改良土，这当然是缘于石灰分布广、储量大、价格低的特点，更主要的是灰土的性价比高，压实灰土不仅在强度、变形方面比压实黄土有较大的提高，而且在渗透性和水稳性方面也有较大的改善。因此，湿陷性黄土地区常采用灰土作为回填地基、地基处理的填料以及垫层填料和防水土料，就是利用其良好的隔水性能和水稳性，在提高地基的承载力、减少沉降量的同时还能起到隔水作用。

黄土作为一种粉质黏性土，石灰对其的改良也具有石灰改良黏性土的一般规律，但黄土的粒径、含盐量等成分的差异使得石灰改良后的性质与石灰改良黏性土的性质也有所差异。文献[41]对不同含水率、不同配比的灰土进行无侧限抗压强度试验，发现灰土的干密度和含水率对强度有很大的影响，并且认为 2:8 灰土接近最优配灰比；作者分别研究了石灰对粉土类黄土和粉质黏土类黄土抗剪强度的改良效果[19][42]，认为石灰对粉土类黄土的改良效果优于粉质黏土类黄土，且 3:7 配比接近最优配灰比；龄期对灰土强度的影响很大，通常的研究中龄期一般为 30~60d，但长龄期的研究得出的结果是在短龄期内（28d）2:8 灰土抗剪强度高，但超过 90d 以后，3:7 灰土的黏聚力超越2:8 灰土，使得抗剪强度大于 2:8 灰土的抗剪强度，90d 作为龄期标准更合理。所以，尽管石灰对黄土改良的应用和研究已有相当长的时间，但仍有许多问题有待于解决，任重而道远。

5.2 灰土改良机理

石灰作为一种气硬性凝胶材料，对黄土具有很好的改良效果。当石灰掺入黄土后，石灰发生水化后产物可扮演多种改良作用，首先与土体中 SiO_2、Al_2O_3 等矿物成分发生化学反应，生成物充当粒间胶结物质将临近土粒牢固粘结；其次水化反应形成的土-液混合物中离子成分变化，伴随有一些物理固化作用发生；当然土-石灰-水混合体不可避免地会与空气接触，空气中 CO_2 也与石灰水化产物间存在化学反应，生成物亦可充当土粒间粘结物质。石灰加入黄土后一系列的化学、物理作用改变了土粒原有的接触方式、排列结构以及孔隙结构，粒间粘结强度增加，孔隙体积减小，连通性降低。综合目前诸多研究成果，灰土改良提高黄土性质的主要作用表现在以下四个方面：

（1）石灰水化放热：消石灰中部分未充分熟化的生石灰在遇水后可发生水化反应生成 $Ca(OH)_2$，并释放一定的热量，改变了土灰作用的温度，促进其他物理化学反应进程，同时也具有一定的膨胀挤密效果，该部分对灰土的性能提升作用有限。

（2）碳化作用：石灰水化后的 $Ca(OH)_2$、$Mg(OH)_2$ 等与空气中的 CO_2 接触，发生反应生成 $CaCO_3$、$MgCO_3$ 等 [见式（5-1）、（5-2）]。生成物为刚性质胶结物，自身胶结强度很大，但是受空气中 CO_2 含量有限影响，反应进程受限，此外，当裸露在外表的灰土被生成的致密物胶结包裹后，也会阻止 CO_2 向混合体内部迁移，因此该作用对灰土性质改良作用有限，其进程缓慢且持续时间久，是灰土后期强度提高的主要因素，Glenn[43] 等认为即使当灰土用于表层处理时，也仅有 2.5% 的 $CaCO_3$ 生成源于碳化作用。

$$Ca(OH)_2 + CO_2 \longrightarrow CaCO_3 + H_2O \tag{5-1}$$
$$Mg(OH)_2 + CO_2 \longrightarrow MgCO_3 + H_2O \tag{5-2}$$

（3）离子交换及凝聚作用：石灰水化后生成的 $Ca(OH)_2$、$Mg(OH)_2$ 存在于土粒间液相中，它们解离产生 Ca^{2+}、Mg^{2+}。吸附于土中黏粒表面的 Na^+、K^+ 吸附能力小于 Ca^{2+}、Mg^{2+}，故 Ca^{2+}、Mg^{2+} 向土粒表面迁移与 Na^+、K^+ 交换，使得土粒表面的双电层结构变薄，土颗粒聚集吸附发生团粒化现象（亦即凝聚作用），粒间咬合力增加，从而改善土体强度。该作用依赖于石灰水化产物 $Ca(OH)_2$、$Mg(OH)_2$ 等的水解，也依赖于 Ca^{2+}、Mg^{2+} 在液相中的迁移速度，当改良土随龄期逐渐失水时，离子迁移受限，该作用发挥逐渐减弱；此外，一部分 $Ca(OH)_2$ 也会产生凝聚作用，形成较大的晶粒填充于土颗粒间充当粘结物质，该作用取决于土粒间液相中 $Ca(OH)_2$ 的含量，在石灰加入早期，石灰水化产生的 $Ca(OH)_2$ 还未被其他作用消耗，该作用更加明显。因此，离子交换和凝聚作用都主要贡献于灰土早期强度的形成。

（4）火山灰反应：土中的 SiO_2、Al_2O_3 等矿物成分与 $Ca(OH)_2$ 反应生成水化硅酸钙（CSH）、水化铝酸钙（CAH）类物质 [见式（5-3）、（5-4）]。

$$xCa(OH)_2 + SiO_2 + nH_2O \longrightarrow xCaO \cdot SiO_2 \cdot (x+n)H_2O \qquad (5-3)$$

$$xCa(OH)_2 + Al_2O_3 + nH_2O \longrightarrow xCaO \cdot Al_2O_3 \cdot (x+n)H_2O \qquad (5-4)$$

生成物会包裹土颗粒或者团粒，在表面形成稳定的保护层，连接并固定分离的土粒（团粒），形成强度，减小粒间孔隙和连通性，提高密实度。因 SiO_2、Al_2O_3 是土体的主要矿物，故该反应也是石灰对黄土的最主要改良作用。水化硅酸钙生成伴随着全龄期过程，水化铝酸钙形成缓慢，主要贡献于后期强度形成。

5.3　灰土物理性质

工程中为了施工方便，灰土一般采用 2∶8、3∶7（石灰∶土）的体积比配比，科研过程中为了精准大多采用质量比进行室内测试试验，一般石灰掺量为 3％～15％。体积比与质量比的表现形式不一样，一般质量比采用百分比形式。体积比与质量比的换算和土料的密度有关，当取筛分后的自然堆积黄土密度为 $1.6g/cm^3$ 时，2∶8 灰土的配比与 9.4％左右质量比相当，3∶7 灰土的配比与 16.0％左右质量比相当。本节中部分位置为了突出叙述侧重点，也将未经改良仅仅通过压实得到的重塑黄土称为素土，后续章节类同。

5.3.1　界限含水率

图 5-1 为灰土的界限含水率变化图，从图 5-1 中可以看出，石灰的掺入可改变黄土的液塑限指标，随着掺量的增加，液限增大，塑限先增大后减小，液限、塑限共同影响下的塑性指数先减小后增大。当掺量小于 6％时，石灰掺入可对土体塑性性质进行改良，塑性指数减小，憎水性增强。因为石灰与土粒发生离子交换，改变土粒表面电层结构及吸附水膜厚度，同时化学反应生成的土粒外胶结物质包裹层及凝聚作用形成的团粒体基本单元，这些均使得改良土体基本组成单元表面亲水性变弱。当掺量大于 6％后，塑性指数增加，因为此时石灰掺量变大，改良土的塑限性质不只受石灰-土的反应生成物控制，还受石灰自身的亲水性质控制，相较于水化硅酸钙类物质，石灰的亲水作用较强。

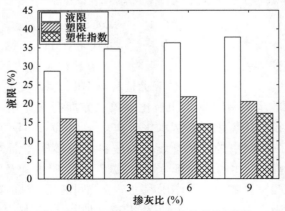

图 5-1　灰土界限含水率与掺量的关系[44]

5.3.2　压实性

灰土最优含水率、最大干密度随石灰掺量变化如图 5-2 所示，由图 5-2 可以看出随着掺量的增加，击实曲线向右下方移动，最大干密度减小，最优含水率增加。一方面因为石灰自身比重小于黄土，另一方面石灰固化形成新的土体结构框架，而这种结构强度高于压实黄土，其击实阻力变大，综合两方面因素，灰土的最大干密度随掺量增加而逐渐降低；石灰水化、石灰与黄土反应需要消耗水分，掺量越大，水分消耗越多，故最优含水率也逐渐增大。当石灰掺量达到 15％时，曲线形态由"平缓型"过渡到"陡峭型"，此时石灰含量较高，固化反应和过剩石灰综合影响使得击实性质对含水率变化更为敏感，曲线变陡。

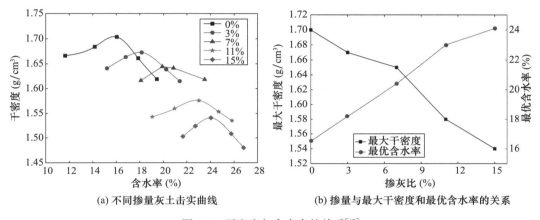

(a) 不同掺量灰土击实曲线　　　　　　(b) 掺量与最大干密度和最优含水率的关系

图 5-2　干密度与含水率的关系[45]

5.4　灰土力学性质

5.4.1　无侧限抗压强度

灰土的抗压性能与压实黄土明显不同，图 5-3 为不同石灰掺量的灰土无侧限抗压试验应力应变曲线，由图 5-3 可以看出灰土的无侧限抗压强度应力应变有以下两个特征：（1）压实黄土没有明显峰值点，应变较大时，强度没有出现应变软化现象，而加入石灰后，试样刚度增加，起始段曲线斜率增大，有明显的峰值点，峰值后强度降低明显，曲线呈"应变软化型"；（2）应力应变曲线各阶段性质随石灰掺量变化，7％掺量以下，掺量越大，应变起始段曲线斜率越大，应力峰值点越高，破坏后残余强度也越大，脆性破坏特征越明显；当掺量大于 7％后，起始段曲线斜率随掺量增加降低，应力峰值减小，但是残余强度随掺量增大，脆性破坏逐渐减弱。

灰土无侧限抗压强度随石灰掺量变化而变化，表 5-1 为 1d 养护龄期时无侧限抗压强度随掺量变化的试验值，由表 5-1 可以看出掺入石灰可以提高黄土的抗压强度，当石灰掺量为 7％时，强度最大，可达 315kPa，是黄土强度的 3.2 倍。1d 养护龄期时灰土无侧限抗压强度随掺量的增加呈先增大后降低的趋势，说明抗压强度变化存在峰值，超过该峰值对应掺量后强度随掺量增加而降低。当然灰土无侧限抗压强度峰值掺量也与龄期有关。表 5-2 列出了 28d 龄期时灰土无侧限抗压强度与掺量的关系，无侧限抗压强度随掺灰量增加而增大，石灰掺量达 9％时，强度峰值可达 947.1kPa，此时强度依然随掺量呈正相关变化。因未继续进行更高掺量的试验，故无法得知该龄期下的依据强度最大原则确定的最佳掺量，其他文献也未见同条件下的更高掺量试验结果，故可认为 28d 龄期时最佳掺量不小于 9％，所以可以证实最佳掺量与对应的无侧限抗压强度均随龄期增加而增大。

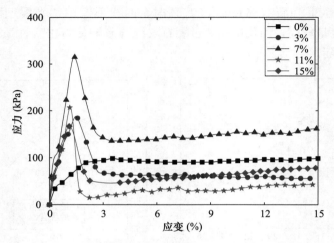

图 5-3　灰土的无侧限抗压试验应力应变曲线[45]

表 5-1　无侧限抗压强度随石灰掺量变化[45]

掺量（％）	养护临期（d）	无侧限抗压强度 f_{cu}（kPa）	灰土强度 f_{cu}/素土强度 f_{cu0}
0		98.3	1.0
3		184.2	1.9
7	1	315.0	3.2
11		206.7	2.1
15		166.7	1.7

表 5-2　石灰改良黄土的水稳定性[37]

掺量（％）	无侧限抗压强度（kPa）		强度衰减率（％）	抗冲刷能力	抗崩解能力
	28d	28d 饱和			
0	420.2	158.4	62.30	＜2min	＜5min
3	801.9	619.9	22.70	＞2h	＞72h
5	871.4	561.7	35.54	＞2h	＞72h
7	886.4	495.3	44.12	＞2h	＞72h
9	947.1	486.5	48.63	＞2h	＞72h

图 5-4 为三种掺量下灰土无侧限抗压强度随龄期的变化，由图 5-4 可以看出龄期越大，无侧限抗压强度越高。30d 内强度增速最快，30～60d 之间强度增速降低，幅度仍然可观，60d 之后增幅变至较低水平。当以无侧限抗压强度作为考量标准时，实际工程中选用 30d 龄期具有很大的安全贮备，就提高强度利用率和经济性而言，选用 60d 作为无侧限抗压性质的龄期标准更为合理，60d 之后的强度发展可作为安全储备。掺量也会影响无侧限抗压强度随龄期的变化规律，掺量过大，最终强度反而较低，也不利于早期强度的形成。30d 后 2∶8 灰土强度最高，其等效质量掺量约为 9％，因此当龄期超过一个月之后，以无侧限抗压性能评价的最佳掺量随龄期变化基本稳定，保持在 9％左右。

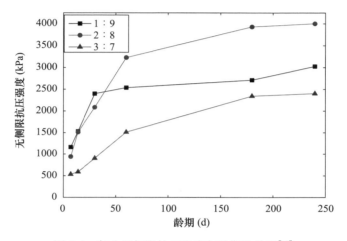

图 5-4　灰土无侧限抗压强度与龄期的关系[35]

5. 4. 2　抗剪强度

抗剪强度也是改良黄土作为工程实体回填材料进行设计的重要指标。图 5-5（a）为不同含水率条件下灰土直剪试验抗剪强度随掺量的变化曲线（以 300kPa 为例）。石灰加入对黄土抗剪强度改善明显，9％掺量以下，剪切强度随掺量增加明显，掺量大于 9％后，剪切强度随掺灰增加速率有所下降，10％含水率时抗剪强度甚至出现减小，说明较高掺量下石灰对黄土的抗剪强度改良效率降低。试验中含水率梯度设置均在各掺量下灰土最优含水率值临近一定范围，没有出现过大、过小含水率，故含水率对制样质量影响有限。在此情况下可以看出，含水率越小，抗剪强度越大。从抗剪强度的组成参数黏聚力和内摩擦角来看，图 5-5（b）和图 5-5（c）显示剪切强度主要受黏聚力控制，黏聚力变化规律与剪切强度相似。内摩擦角则随着掺量的增加始终增大，尤其是在高掺量下含水率对其影响较黏聚力更为明显。这是因为石灰颗粒较细，高掺量下该龄期时未反应的石灰混合于土颗粒、固化团粒体间可改善混合体颗粒级配。而含水率对内摩擦角影响最主要原因在于其控制离子交换程度，离子交换必须在液相环境中进行，含水率越小，离子交换越弱，土粒表面电层结构变化越小，吸附水膜变薄，粒间摩擦增加，内摩擦角增大。

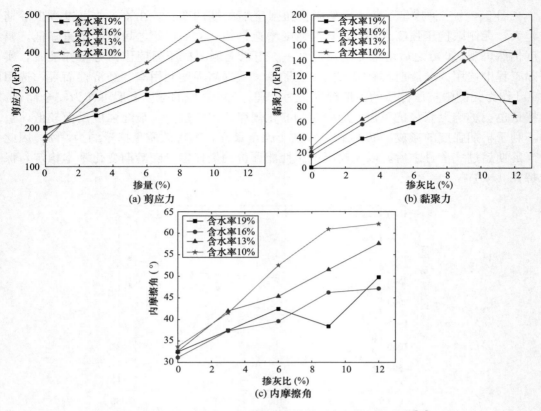

图 5-5　300kPa 垂直压力下灰土的抗剪强度与掺量的关系[46]

养护龄期对灰土的抗剪性能也有很大影响，图 5-6 为石灰改良黄土在超长龄期（1090d）内的抗剪强度参数指标变化曲线。图 5-6 中显示 90d 内灰土抗剪强度变化明显，黏聚力和内摩擦角快速增加，该阶段强度变化源于黏聚力和内摩擦角两方面贡献；90d 后灰土抗剪强度仍继续增加，只是速率变缓，90～1090d 间抗剪强度增幅介于25.8%～36.5%，增幅可观，黏聚力也随龄期缓慢增加，内摩擦角则基本稳定，该阶段抗剪强度变化主要源于黏聚力变化贡献。值得注意的是，短龄期（28d）内 2：8 灰土强度高，黏聚力大，内摩擦角小，超过 90d 后，虽然出现 3：7 灰土的内摩擦角小于 2：8 灰土，但黏聚力大大超越 2：8 灰土，使得 3：7 灰土的抗剪强度大于 2：8 灰土的抗剪强度。因此，从龄期对灰土抗剪影响的规律来看，90d 作为龄期标准更经济合理。

以上龄期对强度影响的规律可以从灰土的固化反应进行分析，几种固化类型均会随着时间推进而不断加深，只是各阶段主要参与的固化作用类型不同，早期离子交换、凝聚作用、碳化作用、火山灰反应、挤密作用均有发挥，随时间增加碳化作用、挤密作用减弱，大掺量下未被消耗石灰对强度和黏聚力增加起抑制作用，对内摩擦角则有改善作用。龄期较长时，大掺量灰土中的过剩石灰会被固化反应逐渐利用，强度增速较小掺量灰土大，强度值逐渐超越小掺量时的强度。龄期继续增加到后期阶段，只有火山灰反应、离子交换和凝聚作用仍在缓慢进行，火山灰反应中的水化铝酸钙开始不断出现，如果在非标准养护条件下，例如实际灰土埋置于地层环境中，灰土与邻近地层中水气、离子交换会较为活跃，从而使得强度在很长时间内都会缓慢增加。

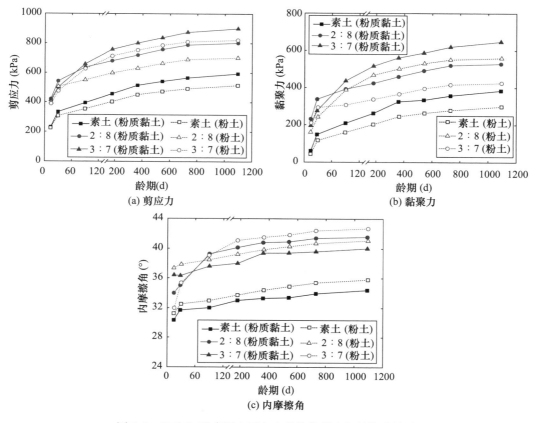

图 5-6　300kPa 垂直压力下灰土的抗剪强度与龄期的关系

除上述掺量、龄期等因素外，素土土料对灰土的性质也有直接影响。图 5-6 同时给出了石灰改良粉土类黄土的试验结果，可以看出，灰土的抗剪强度与素土土料的性质有关，粉质黏土类黄土经石灰改良后黏聚力更高，内摩擦角则是粉土类黄土的改良效果更好，这是因为粉质黏土中的黏粒含量高，黏粒表面的低价离子和电层结构更有利于离子吸附和交换，其离子交换和凝聚作用的固化反应程度比粉土改良时更深，黏聚力也就越大，但是黏土颗粒较细，与石灰颗粒接近，对混合体系级配的改良没有粉土优越，所以其内摩擦角较低。虽然石灰对粉质黏土黄土的内摩擦角改良效果弱于粉土，但是抗剪强度主要受黏聚力影响，因此总体来说，粉质黏土类黄土灰土的抗剪强度更高，这也许可以解释一些研究中得出灰土最优配比和强度峰值不同的原因。

工程中灰土常以压实垫层形式作为建（构）筑物地基，此时表征其强度的指标为承载力特征值。地基承载力是指地基土单位面积上所能承受荷载的能力，承载能力不足时地基土会发生剪切破坏而失去稳定性，故压实土的抗剪强度和压实土地基的承载力呈正相关性，抗剪强度越高，地基的承载能力越大。一般情况下，压实度介于 0.93～0.95 时，采用碾压回填的灰土垫层承载力特征值可取 200～250kPa（压实系数小时取小值），而同等条件下黄土垫层承载力特征值一般为 150～200kPa。

5.5 灰土水理性和收缩性

5.5.1 水理性

工程中评价灰土不仅包括其强度特性，水理性也是主要评价指标，其关系到在水环境下的适用性和耐久性，常规条件下需要考虑的水理特性包括斥水性、渗透性、崩解性、水稳性。黄土地区特别是湿陷性黄土地区，在建（构）筑物地基、道路路基下部经常还存在湿陷性土层，防水、隔水是保证建设工程安全使用和运营的关键。灰土作为垫层、路堤、肥槽等的回填材料，不仅有良好的力学性能，渗透性的优劣也是决定其应用范围和效果的重要因素。

灰土的液塑限结果已经表明，加入一定掺量范围内的石灰可增加黄土的主动斥水能力，亦即当水分浸润灰土表面时，浸润角呈钝角，水分不易进入土体内部，这在一定程度上可减弱水分润湿对灰土的不利影响，提高水稳性，但也应特别注意该作用影响十分有限。

灰土渗透系数随石灰掺量的增加而减小（图 5-7），当掺量小于 6% 时，渗透系数降低最明显，之后则随着掺量增加渗透系数缓慢减小。同时，灰土的渗透系数受压实干密度的影响较大，干密度越大，渗透系数越小，且压实干密度较高时，掺量的变化对渗透性影响较小；反之，当压实干密度较低时，掺量对其渗透性影响显著。一般来说，灰土的渗透系数能达到 10^{-7} cm/s 数量级，部分高掺量、高压实度时亦能达到 10^{-8} cm/s 数量级，属于不透水材料，防渗性能良好。石灰固化对黄土渗透性质的改善主要是改变土体内部密实状态和孔隙结构，石灰固化反应生成物胶结土颗粒、填充粒间孔隙，改变通道体积及连通性，渗流阻力增加，当然这其中也有改良后材料自身斥水性增加的少许贡献。

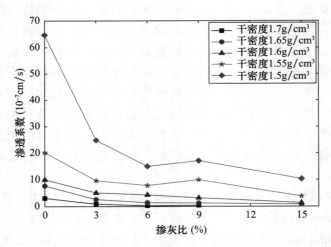

图 5-7 灰土渗透系数与掺灰量的关系[47]

灰土渗透性也与龄期有关，如图 5-8 所示，龄期越长，渗透系数越小，早期渗透系数降低较快，90d 时 2:8 灰土和 3:7 灰土的渗透系数均达到了 5×10^{-7} cm/s 以下，之后随着龄期增加渗透系数仍继续降低，只是减小速率有所减缓。相同龄期的 3：7 灰土渗透系数比 2：8 灰土更小，但随着龄期增加，两种灰土渗透系数差距逐渐缩小，说明掺量对渗透系数的影响随龄期逐渐削弱。龄期对渗透性的作用原理在于后期进行的固化反应对密实度的改良，长龄期条件下，缓慢的离子交换（凝聚作用）及火山灰反应进行使得孔隙变小，连通度降低，渗透系数逐渐减小，90～1090d 间两种灰土的渗透系数降幅介于 9.1％～12.6％，相较于龄期对抗剪强度的影响，其幅度也较为可观，工程实践不可忽略其有利作用。

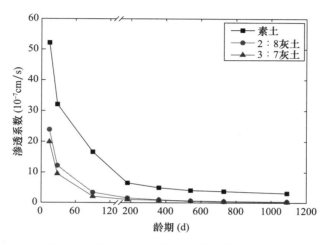

图 5-8　石灰改良黄土渗透系数与龄期的关系

灰土的渗透性同样也受黄土土料自身性质的影响。由图 5-9 可以看出石灰对粉土和粉质黏土两种不同性状黄土渗透性改良效果的对比，可以看出粉质黏土类黄土经石灰改良后渗透系数更低，2：8 灰土和 3：7 灰土均是如此。

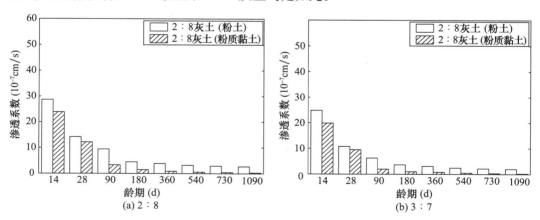

图 5-9　土料类型与石灰改良黄土渗透系数的关系

图 5-10 为 1d 龄期时不同掺量条件下灰土的崩解率变化曲线，相较于压实黄土而言，灰土的起始崩解时间延迟，经历相同时间时崩解率也大幅度较低，并且掺灰量对起始崩解时间和崩解前期的速率影响不大，崩解后期速率则随掺量的增加而降低。这主要是因为小掺量下经历一定的浸水时间后，土粒表面的固化生成物质一旦被软化，水分侵入破坏土粒

速度就会明显加快，而大掺量下土粒外围较多的固化生成物包裹厚度大，浸水软化不易。结合表 5-2 中 28d 龄期时灰土的水稳定性参数，可以发现，经历一定的养护龄期后，各掺量下崩解时间大于 72h，冲刷破坏时间大于 2h，其抗崩解性和抗冲刷能力大幅度提高，龄期对水稳性影响主要与固化生成物增加和水合物失水硬化有关。对比其抗压强度与饱和抗压强度变化，石灰掺入可明显降低黄土的强度衰减率，掺量在 9％ 以内随着掺量的增加，强度衰减率增大，小掺量下掺量的增加对浸水环境中的强度保持不利。

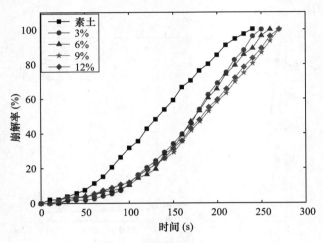

图 5-10　灰土的崩解率随时间变化[48]

　　表 5-2 对水稳性的反映只是饱和状态这一极端情况，要全面表征灰土改良的水稳性特征，还需要进行浸水条件下的抗水力劣化试验。图 5-11 给出了 7d 无侧限抗压强度软化随浸水时间和掺量的变化，随着浸水时间增加，各掺量下的无侧限抗压强度减小，强度减小率随时间增加逐渐降低。同时，掺量越小，浸水软化稳定时间越早，就强度降低百分比而言，12～48h 时，3％～11％掺量强度损失率分别为：21.2％、16.1％、24.4％、20.0％、8.8％。因此结合表 5-2 数据，可得掺量超过 9％后，灰土抵抗浸水作用下无侧限抗压强度劣化的能力明显增强，水稳性较好，这与前述就强度评价而言所得的最佳掺量一致。

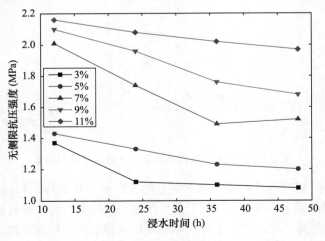

图 5-11　无侧限抗压强度随浸水时间变化[37]

5.5.2 收缩性

岩土材料的收缩性关系到安全性及耐久性，也是改良土需要关注的物理指标之一。图 5-12 为掺量 3% 的灰土线收缩率、体收缩率与素土、水泥土、二灰土的对比图，结果显示灰土的两类收缩指标均小于黄土，说明石灰可明显改善黄土的收缩性质，但其收缩系数大于水泥土和二灰土。这是因为石灰固化反应中，离子交换及火山灰反应改变了混合料的亲水性质，憎水性变强，故其失水干缩率降低。但相较于水泥和粉煤灰，石灰自身的亲水性又较强，固化生成物的憎水性也弱于水泥和石灰粉煤灰改良。尽管石灰对黄土的收缩性质有所改善且改善效果与其他改良方式不同，但是其收缩率均小于 5%，属于收缩不明显的材料。

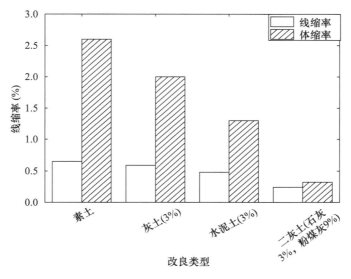

图 5-12　黄土灰土的收缩特性[49]

5.6　灰土微观结构

石灰对黄土改良的本质在于土体微观结构的变化，图 5-13 为 3∶7 灰土在不同龄期的 SEM 图。从图 5-13 中可以看出，早期石灰水化后的活性产物与土中成分发生火山灰反应并产生胶凝现象，土颗粒表面发生粒子交换，生成胶结物质，胶结物质团粒化后改善土体颗粒级配，使得灰土内摩擦角增大。同时，新生胶结物质填充土粒间孔隙，改变土粒接触方式，孔隙体积减小，连通性减弱，从而使各掺量下灰土早期强度、渗透性改善明显。值得注意的是，该阶段 3∶7 灰土中土颗粒表面存在一些类似尘埃状的堆积物，这与石灰的微观存在形式吻合，表明其石灰含量大，一些石灰还未发挥作用，只是简单地发生水化反应形成包裹在土颗粒表面的一层 Ca（OH）$_2$ 膜，这层膜本身强度不大，不但不能抵抗较大的外力，反而阻碍了土颗粒间的接触，故 3∶7 灰土的早期强度明显低于 2∶8 灰土。对于渗透性，无论新产生物质为何，即使其胶结强度低，也可起到填充孔隙、降低土体连通性的作用，因此该阶段渗透性改善仍然是 3∶7 灰土更为明显。

| (a) 28d | (b) 60d | (c) 90d |

| (d) 180d | (e) 1090d |

图 5-13　灰土改良粉土类黄土微观结构随龄期变化（×400）

进入中期，火山灰反应仍在继续，新生胶结物质继续出现且主要集中在 60d 之前，因此该阶段土体强度、渗透性改善仍具有较高速率，其中 3：7 灰土因石灰充足而出现更多胶结产物，强度也在该阶段超越 2：8 灰土。60d 之后，胶结物产生已经很慢，主要表现为已生成胶结物的硬化，土体微观结构趋于密实的效果减弱，强度和渗透性改善速率降低。当达到 180d 龄期时，灰土整个微观结构除个别位置仍有大孔隙外，已经十分致密，此时土体强度、渗透性的改善已经趋于完全。当到达 1090d，整个 SEM 视野内孔隙完全密闭，可见土体形成致密联结的整体，相比前一阶段，该阶段土体微观结构仍在以极低速率缓慢发展，这也是超长龄期下灰土强度和渗透性仍会朝着有利方向发展的原因所在。

5.7　灰土工程特性综述

综合上述灰土的基本物理特性、力学特性、水理特性以及掺量、龄期等因素对性质指标的影响规律，灰土的工程性质和应用控制原则有：

（1）石灰作为一种易于获取的无机岩土固化材料，其加入黄土后可对其各类性质进行全面改善，例如一定掺量范围内可以降低可塑性、增加憎水性、提高抗压和抗剪强度，最大抗压强度可达到压实黄土的 3.2 倍。改良后收缩性降低，抗崩解能力增强，水稳性提高，防渗能力增加，高压实度和长龄期时，渗透系数可达极低水平，而且此类水理性质不会出现掺量过大后的抑制现象。因此，石灰改良是一种理想的适用于大多数情况下的黄土改良方式。

（2）由于石灰自身比重较小且水化反应消耗水分，随掺量的增大，灰土最大干密度降低，最优含水率增加，因此实际灰土回填压实应特别注意拌和压实最优含水率、最大干密度控制，从而保证压实质量和均匀性。

（3）灰土改良存在最佳掺量范围，就抗压强度和抗剪强度而言，虽然短龄期内最佳掺量处于 7%～9% 之间，但从长龄期来看，3∶7 灰土的抗剪强度最高；就抗崩解、水稳性和防渗性而言，掺量越大，改善效果越好；但掺量大于 9% 以后，继续增加掺灰量的改良效率逐渐降低，9% 的掺量或 2∶8 灰土改良效率较高，因此应综合考虑改良目的、需求和经济指标选择灰土的掺量。

（4）石灰改良黄土存在明显的龄期效应。在实际工程使用养护条件下，改良初期抗剪强度和防渗性改善幅度有限，当龄期达到 90d 时，抗剪强度和渗透性指标快速改善段才基本结束。考虑到工程实际，灰土改良黄土养护龄期应尽量接近 90d，最短不能小于 28d。当然 90d 之后随着龄期延长，其强度和防渗性能还会继续缓慢改善，但该部分可作为设计富余考虑。

（5）黄土土料自身性质对石灰改良效果影响很大，特别是其黏粒成分含量的多寡。黏粒可使得与石灰的离子交换和凝聚作用的固化反应程度更深，对黏聚力的改良作用大，但黏粒对混合体系级配的改良没有粉土优越，粉土类黄土对内摩擦角改良效果更好，故粉质黏土类黄土的灰土抗剪强度更高，渗透性更低。实际工程应用中应尽量选择该类黄土进行石灰改良作为回填材料，若需用石灰改良的粉土类黄土作为回填材料时，可适当添加黏性土，使得改良效果更好。同时，在进行改良土设计时，应注意改良后灰土指标的准确选择，不能混用两类土改良指标研究结果。

（6）石灰掺入虽然能明显改善黄土水理性，但在各单项水理指标改善效果上存在差异。抗崩解性、防渗性均是掺量越大，效果越好，当考虑浸水条件下的强度保持时，小掺量并不能有效阻止强度劣化，只有当掺量超过 9% 后，强度损失率才能保持在较低水平。因此，实际工程中当灰土长时间处于潮湿或浸水环境中时，应注意有效掺量设计。

（7）工程中采用压实系数控制施工质量，对于灰土作为垫层材料回填时，垫层承载力宜通过现场试验确定。一般情况下，压实度介于 0.93～0.95 时，采用碾压回填的灰土垫层承载力特征值可取 200～250kPa，采用重锤夯实的灰土垫层承载力特征值可取 150～200kPa。

（8）灰土在工程中的应用源远流长，随着对石灰改良黄土的加固机理和微观反应的深入研究以及工程实践经验的总结，灰土作为物美价廉的回填材料其应用技术也日趋成熟，未来应用前景依然可观。

5.8　灰土的工程应用

灰土的工程应用历史悠久，随着灰土工程应用的实践和发展，对灰土特性研究和认识也不断地丰富和深入，理论和实践均证明石灰改良黄土具有较好的综合性能。灰土以强度高、压缩性低、渗透性小及原料来源广、造价低和施工简单的特性，广泛应用到水利、公路、铁路、机场、市政和建筑等各类工程建设中。灰土在建设工程的地基处理中应用最为广泛，灰土垫层、灰土挤密桩是最典型的应用，特别是在湿陷性黄土地区的地基处理中，兼备了消除湿陷性、提高承载力和防水隔水功能，是首选的地基处理方法，有着良好的应用效果和经济效益，应用前景广泛，并涌现了诸多成功的工程。

实例 1：西安金花饭店二期工程地基处理[50]，项目主楼为 12 层框架结构，地下 1层，裙房 3 层，钢筋混凝土筏板基础，平面形状为燕翼形，基底压力 200kPa。地层条件为 38m 范围内分为 18 个亚层，地基处理涉及最上面 7 层约 15m，深度 8.5m 范围内为湿陷性土层，场地为自重湿陷性场地，湿陷等级Ⅱ～Ⅲ级。地基处理设计方案为：采用 1m 厚 2：8 灰土垫层和 2m 厚素土垫层替换湿陷性土层。按此方案处理后灰土、素土垫层承载力分别可达 355kPa、217kPa，均大于基底压力。垫层下未处理湿陷性土层厚度也满足软弱下卧层验算要求。沉降验算在规范允许范围内。因此，该方案设计既可消除湿陷性，又能满足建筑物承载力和沉降要求，实际建成后的沉降观测远小于设计计算值，评判地基处理安全有效。当与采用挤密粉煤灰桩和压入混凝土桩处理方案对比时，可分别节约造价约 78%、1360%，因此选择灰土＋素土垫层不但安全可靠，经济效益也十分可观，是十分理想的方案设计。

由此可见灰土在实际工程应用中的重要性和不可替代性，是一些条件下回填材料的不二选择，诸如实例 1 的灰土应用成功实例很多。但一些资料表明灰土应用中也出现了个别问题实例。诸如以下实例 2。

实例 2：位于兰州市的某建筑物建于 2005 年，原场坪采用素土回填压实。十年内，工程场地无地坪、道路、散水、管道等变形、鼓胀而引起起伏变化，效果良好。而为解决场坪排水、竖向标高问题，在 2014 年完成场地排水系统改造及场地地坪竖向处理，地坪处理采用上铺 300mm 厚 3：7 灰土分两层夯实，之下为翻夯 500mm 厚压实素土。但在后续两年的使用中建筑物地面、室外地坪等处出现不同程度的鼓胀（图 5-14），且冬天鼓胀明显，夏天稍有回落。鼓胀、地坪变形调查显示灰土垫层部分压实度已远远低于回填时检测压实度，而灰土垫层下素土层压实度与回填时检测结果相差不大，灰土取样物化成分分析显示其中 $Na_2SO_4 \cdot 10H_2O$、K_2SO_4、$CuSO_4 \cdot 5H_2O$ 等矿物成分含量较高，当温度降低或失去水分后，原先溶于土体孔隙中的该类硫酸盐盐分会产生浓缩并析出结晶，发生体积鼓胀，地坪鼓胀随冬夏变化与此相关。因此可定性该灾害与灰土使用方案设计无关，主要源自灰土垫层处理时，石灰成分复杂，不符合灰土处理对石灰质量的要求。

图 5-14　建筑物地坪鼓胀[51]

通过以上工程应用历史、改良机理、室内试验研究及工程实践问题分析，可以发现灰土应用历史悠久，各方面综合性能优异，是一种经济方便的改良方式，未来应用前景仍然可观，而当前影响其应用的主要问题还是实验室灰土性质评价与工程实践的差异。该差异的主要原因在于石灰质量与养护方式的控制，因此工程应用中灰土处理前，必须明确石灰成分，确保其中不含有害成分或其含量不超过国家建筑材料标准规定，比如水敏性成分；同时，石灰必须过筛并充分熟化，防止过火石灰的危害，并且在施工过程中应严格控制拌和含水率、拌和均匀性、压实度等，这也是保证石灰改良黄土作为回填岩土材料时其优越性能发挥的关键内容。此外，土料的影响也仅限于研究层面且成果有限，应用中也并未做到精准设计。因此，未来对石灰改良黄土仍需针对工程出现的问题和灰土特殊应用进行不足性能指标的优化研究，在提高灰土强度、防渗性能的同时兼顾变形韧性。

6 水泥改良黄土

6.1 概述

在黄土中掺入一定比例的水泥对黄土进行改良，黄土与水泥的混合土料称之为水泥改良黄土，简称水泥土。

水泥是以氧化钙（CaO）、二氧化硅（SiO₂）、三氧化二铝（Al₂O₃）等为主要矿物成分的胶凝性材料，水泥拌和到黄土后，水泥颗粒表面的矿物与黄土中的水发生水解和水化反应，生成 Ca（OH）₂和 CSH 等水化物，这些水化物有的自身进行硬化，形成水泥土骨架；有的则与土颗粒发生团粒化、硬凝等反应，形成了水泥土骨架包覆和连接团粒的整体结构，使得水泥土具有较稳定的性质和较高的强度，这就是水泥改良黄土的主要作用和机理。

水泥土最早是用于加固饱和黏性土地基的水泥土搅拌法的材料，即利用水泥（或石灰）作为固化剂，通过特制的搅拌机械在地基深部就地将软土和固化剂强制搅拌，使软土硬结成加固体，从而提高地基强度和增大变形模量，这个加固体就是水泥和土混合并发生了系列反应的水泥土。水泥土搅拌法分为水泥浆搅拌和粉体喷射搅拌两种，前者是用水泥浆和地基土搅拌，后者是用水泥粉或石灰粉和地基土搅拌。水泥土搅拌法主要适用于含水率较大的软土，通过水泥与水的水解水化反应及土颗粒与水泥水化物的系列反应，生成结构稳定、强度高的水泥加固土。对水泥加固土的研究已有大量的比较成熟的成果，主要针对水泥加固土的物理力学性质及其影响因素进行研究。孙立川等人[52~54]研究了水泥加固土无侧限抗压强度的影响因素，认为水泥加固土的抗压强度随掺量及龄期的增加而增大，90d 养护龄期后强度仍有较大幅度的提高；并比较了水泥土通常加固的淤泥质黏土、粉质黏土和粉土三种土质对水泥加固土抗压强度的影响，土质对水泥土强度有很大影响，淤泥质黏土的抗压强度要比其他两种水泥土低得多。文献[55]对水泥加固土从加固机理到工程性质做了详细的介绍，特别是水泥掺量和龄期与抗压强度的关系。

另一种水泥土是水泥改良土，将水泥与土混合通过碾压填筑作为地基、路基，或作为用于边坡护坡、渠道衬砌等的防渗层。水泥改良土与搅拌法的水泥加固土虽然加固机理基本相同，但两者的加固（或改良）目的和适用范围大不相同，且两者初始含水率的不同对水泥土的物理力学性质有很大影响，其中搅拌法用于加固含水率较高的软土，初始含水率较高；而水泥土改良土，在较低含水率（最优含水率）完成了土与水泥的物理化学反应，故有时也称水泥改良土为干硬性水泥土。20 世纪 30 年代，美国在铺筑道路上使用超过 1.91 亿立方米的水泥土，并在 40 年代由美国材料试验协会将水泥土编著在工程土壤规程中，包括水泥土基本物性试验、干湿循环试验以及冻融循环试验等方法，为后续水泥土的推广使用奠定了基础。随后，各国开始对水泥土从基本特性（矿物成分、颗粒组成、可塑性、干容重、孔隙率等）、工程技术措施（碾压、拌和、养生等）以及添加剂对土体强度和变形情况的影响等三个方面进行深入研究[56-58]。我国对水泥土的研究始于二十世纪六七十年代，并将其应用于柔性路面基层中。1974年辽宁省的沈抚南线公路是我国公路第一次大规模应用水泥土作为沥青层面基层的工程实例，而随着对水泥土性质研究的深入，1999年秦沈客运专线路基填料开始大量使用水泥土，意味着水泥土从公路路基的应用发展到了铁路路基的应用[59]，并通过试验研究[60]提出了适合高速铁路路基填料在满足强度、水稳定性以及压缩特性方面的控制标准。

对水泥黄土改良的研究和应用与公路和铁路路基的填料需求密切相关，结合西北地区多条高速公路路基填料的需求，我国对水泥土的工程性能开展了试验研究。2005年开工的郑西客运专线使水泥土又一次得到了广泛的推广与应用，在对水泥改良黄土的机理、性质研究的同时，也对水泥土的适宜性进行了研究，提出了土的种类、性质对改良土强度的影响[61~63]。同期，黄土地区也开展了水泥土作为填筑材料、防渗材料及稳定土材料的试验研究和工程应用，对水泥改良黄土在压实性能、抗剪强度、渗透性和变形等方面有了较为成熟的研究成果。如文献[64]通过对不同掺量水泥改良土的室内试验研究认为水泥土强度随龄期的增长而明显增大，但是配合比在6％～7％变化较为明显；文献[65]通过试验研究了重塑黄土的抗压破坏模式，发现水泥改良黄土的强度特性均随压实度增大呈非线性增大；文献[62]对不同配合比水泥改良黄土的试验研究表明，掺入水泥改良后黄土的液限、塑限较改良前黄土有所增大，塑性指数逐渐减小，即改良黄土的性质逐渐趋向于砂性，改变了黄土原来粉质的特性；文献[63-66]研究了施工工艺对水泥土力学性质的影响。多项研究与工程实践均表明水泥对黄土的改良具有较好效果，水泥土是一种工程性质良好的土工材料，在力学性、水理性等方面较石灰改良土和石灰粉煤灰改良土更具工程优越性。

综上所述，黄土地区各类工程对水泥土有大量的需求，其被广泛用作水利工程、公路交通工程、铁路路基工程以及建筑工程的稳定土、加固土、填筑土料和防渗土料。随着水泥土工程应用范围的扩大和工程对其要求的不断增加，水泥土工程性质的研究也在不断深入，对水泥土的强度、变形特性研究的同时，加大了对水泥土水工建筑材料的性能研究，如抗渗、抗冲、抗冻、抗腐蚀等耐久性能，同时还致力于探求提高强度和改善性能的措施研究，期望能充分挖掘和利用水泥土的工程性质为工程建设服务。

6.2 水泥土改良机理

水泥掺入黄土中发生的物理化学反应与混凝土类似，但其反应过程与混凝土的硬化机理不同，混凝土的硬化主要是在粗骨料中进行水解水化作用，所以凝结速度较快；而由于水泥掺量很小，水泥的水解水化反应是在具有一定活性的介质——土的围绕下进行，所以水泥土的强度增长过程较为缓慢。改良采用的水泥一般为P·O32.5或P·O42.5级普通硅酸盐水泥，其主要由氧化钙（CaO）、二氧化硅（SiO_2）、三氧化二铝

（Al_2O_3）、三氧化二铁（Fe_2O_3）及三氧化硫（SO_3）等组成[67]。将水泥掺入黄土后，水泥颗粒表面的矿物很快与黄土中的水发生水解和水化反应，生成 Ca（OH）$_2$ 和 CSH 等水化物，逐渐在土中形成胶体。水泥水化物中的一部分 CaO、$2SiO_2 \cdot 3H_2O$ 会自身继续硬化，形成早期水泥土的骨架；另一部分及其溶液与黄土颗粒发生反应形成土团粒后又进而结合成粒结构，进一步凝聚反应形成水稳性水化物。随着水泥水化反应的深入，最终水泥与土颗粒相互联结形成致密空间网络结构，使水泥土具有足够的强度和水稳定性。水泥土的化学反应机理[68~72]有：

（1）离子交换和团粒化作用

水泥水化后的胶体中含有 Ca^{2+}、OH^-，而黏土矿物表面带有 Na^+、K^+ 等离子，液相中的高价离子较低价离子更能有效平衡土粒表面的电荷，吸附液中的 Ca^{2+} 会与土中的 Na^+、K^+ 离子进行当量吸附交换，具体的离子交换反应过程如下化学式所示：

离子交换的结果使土粒形成较大的团粒，同时水泥水化产生的 Ca（OH）$_2$ 使土团粒紧密结合，形成稳定的土体结构。

在 pH 较高的环境下，土颗粒松散性减低，离子交换反应使得原先分散的土微粒凝聚转化成更大的土团粒，使得土颗粒间更加紧密，强度提高。水泥水化生成的凝胶粒子的比表面约比水泥颗粒的比表面大 1000 倍，因而产生很大的表面能，具有强烈的吸附活性，使得上述交换反应可以发生。

（2）硬凝反应

随着水泥水化反应程度加强，当水泥水化反应产生的 Ca^{2+} 的浓度大于离子交换反应所需的浓度后，水泥水化形成 Ca（OH）$_2$ 使溶液呈强碱性，处于 pH 较高的条件下，组成黄土矿物的活性 Al_2O_3 和 SiO_2 则会和 Ca^{2+} 发生硬凝反应化学反应，会持续产生化学性质较为稳定的水化物，其各成分的反应过程如下式：

$$SiO_2 + Ca（OH）_2 + nH_2O \longrightarrow CaO \cdot SiO_2 \cdot （n+1）H_2O \qquad (6-1)$$

$$Al_2O_3 + Ca（OH）_2 + nH_2O \longrightarrow CaO \cdot Al_2O_3 \cdot （n+1）H_2O \qquad (6-2)$$

而这些水化物受孔隙水和空气的作用下逐渐失水凝固，生成的水泥土的结构较为紧实，从而提高了加固土的强度，不容易被水侵蚀，因此改良黄土拥有较好的耐水性。

（3）碳酸化反应

水化反应生成的 Ca（OH）$_2$ 与空气中的 CO_2 反应，生成稳定的 $CaCO_3$，$CaCO_3$ 的生成使得土颗粒更加挤密，土体强度及稳定性得到加强，进一步使土的强度提高，其各成分的反应过程如下式：

$$Ca（OH）_2 + CO_2 + nH_2O \longrightarrow CaCO_3 \downarrow + （n+1）H_2O \qquad (6-3)$$

水泥改良黄土时所发生的一系列水泥水化、水解反应中，其中水泥水化所生成的 Ca（OH）$_2$ 含量较多，不同类型的土质对 Ca（OH）$_2$ 的反应程度有些许差异，所以在掺入相同量的水泥时，不同土质的反应速度差异也较大，所显示出的加固的效果也并不相同。

6.3 水泥土物理性质

6.3.1 界限含水率

水泥的掺入可以改变黄土的界限含水率及塑限指数，其变化关系如图 6-1 所示。由图 6-1 可以看出，随水泥掺入量增大，水泥土液限、塑限均呈增大趋势，且塑限增大幅度较液限大，而塑性指数呈减小趋势。水泥掺入量较小，塑性指数变化幅度较小；水泥掺入量较大时，塑性指数变化幅度增大。分析主要原因在于水泥反应凝胶作用使黄土颗粒团粒化明显，颗粒尺寸增加，比表面积减小，结合水含量降低，塑性指数减小，而该作用在掺量较大时更加明显。

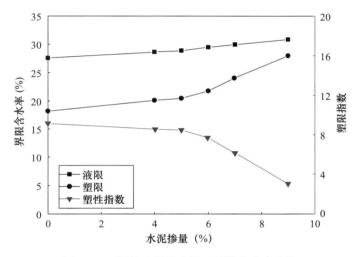

图 6-1　不同掺入量的水泥土界限含水率变化

6.3.2 压实性

水泥土的击实曲线和不同掺入量下水泥土的压实参数如图 6-2 和图 6-3 所示，可以看出，水泥掺量在 15％ 范围内，随着水泥掺量的增加，水泥土的最大干密度下降、最优含水率增大，规律性相对明显；水泥土的最优含水率相比黄土有明显增大，从 14.1％ 增长到 15.8％，掺量小于 9％ 时，最大干密度和最优含水率的变化幅度较大；掺量大于（等于）9％ 时，最大干密度和最优含水率的变化幅度非常小。黄土中加入水泥后，水泥水化反应额外消耗了土体中的水分，导致水泥土的最优含水率相应增加。水泥掺量较小时，水化反应产生的单体微团粒和团聚体相互接触构成微观结构骨架，骨架作用使得击实阻力变大，击实后干密度降低；再加大掺量（掺量大于 9％），水泥产生的胶凝物质开始填充骨架和团粒之间孔隙，减小孔隙体积，使得水泥土结构变得紧密，最大干密度不再降低还略有增大。

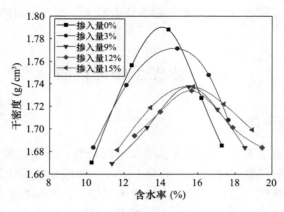

图 6-2 不同掺入量水泥土击实曲线

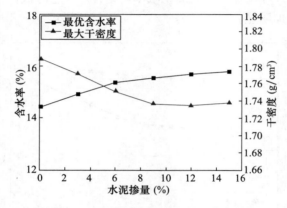

图 6-3 不同掺入量水泥土的压实参数

对比不同掺入比的水泥土击实曲线（图 6-2）可知，黄土的击实曲线比较陡，而水泥土的击实曲线随着掺入量的增加逐渐变缓，说明随着水泥掺量的增加，最优含水率的范围变宽，最大干密度对含水率变化的敏感性降低。在含水率较低时，黄土的干密度低于水泥土，而随着含水率接近最优含水率，水泥土的干密度小于黄土，这是因为水泥的水化反应会越来越充分，干密度受水泥水化产物产生的特殊空间网络结构影响逐渐明显；当含水率超过最优含水率，黄土的干密度又一次略低于水泥土，这是由于高含水率条件下，黄土土料颗粒间自由水增加阻碍了颗粒运动，压实效果逐渐变差，而水泥土在高含水率下仍存在固化效果，干密度减小较慢。水泥土的击实特性表明水泥的掺入有利于改善黄土的压实性能，水泥土更加便于控制含水率而得到理想的干密度。

6.4　水泥土力学性质

6.4.1　无侧限抗压强度

水泥土的无侧限抗压强度与掺量和养护龄期密切相关，由图 6-4 可以看出，水泥土无侧限抗压强度较黄土有显著提高。在水泥掺量 15% 范围内，水泥土无侧限抗压强度随着水泥掺量的增加而增大。水泥掺量较小时，增长速率较缓；而水泥掺量大于12％，其增长速率变高，抗压强度与掺量呈非线性关系。这说明当水泥掺量较小时，水泥的水化产物不足以将整个体系包裹，水泥土强度的提高不大；当水泥掺量增大到一定量时，水泥土的水化产物增多、土颗粒与水泥水化物的作用增强，水泥水化更容易发生团粒化作用，颗粒间的连接能力迅速提高，而且胶结性水化物或膨胀性水化物能够充分填充到土颗粒间的孔隙，促使水泥土密实度增大，从而使得抗压强度有了快速提高。

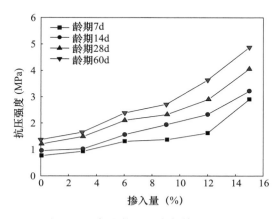

图 6-4　无侧限抗压强度与掺量的关系

从掺量对水泥土抗压强度影响的总趋势来看，无侧限抗压强度与掺量呈非线性关系，水泥掺量大于 9％时，水泥土抗压强度出现较大幅度的增长，体现出水泥对黄土土料的改良效果；且水泥掺量在 15％时，抗压强度增大的趋势没有减弱的迹象，这就意味着继续加大水泥掺量，水泥土的抗压强度也会继续增大。文献[54]对水泥土应力-应变关系进行了研究（图 6-5），显示水泥掺入量小于 15％时应力应变呈弹塑性变化，水泥掺入量大于 15％时应力应变基本呈弹塑性-脆性破坏变化。这也说明一定掺量后水泥土强度才有大幅度的增长，虽然随着水泥掺量的增加水泥土的强度可以提高，但水泥掺入量过大，其有效利用率随着水泥掺量的增加而减小，当掺量大于 20％时并不经济。因此综合改良效果和经济效益，建议水泥的掺量控制在 9％～20％为宜。

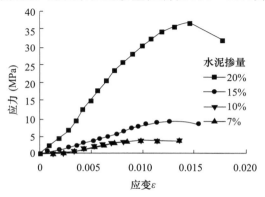

图 6-5　水泥土应力应变曲线[54]

水泥土的无侧限抗压强度也随着龄期增大而增加，而且水泥掺量越大，强度增长持续时间越长，图 6-6 中显示各掺量的水泥土在 60d 内抗压强度均持续增长，4％～9％掺量的水泥土 28d 后强度增长变缓，而 12％和 15％掺量的水泥土 28～60d 强度仍有较大幅度的增加。文献[55]对水泥土无侧限抗压强度长养护龄期的研究结果也显示，水泥土 90d 抗压强度仍有较大幅度的增加（图 6-7）。这主要是水泥土的水解水化反应是在具有活性的土介质的围绕下进行，水泥土的强度增长缓慢，延续时间长，比混凝土的硬凝速度还要缓慢。水泥土的抗压强度增长在龄期超过 90d 后才开始减缓，同样，电子显微镜的观察结果也验证了水泥土的硬凝反应约需 90d 才能充分完成。因此，水泥土以 90d 龄期强度作为标准强度较为合理。

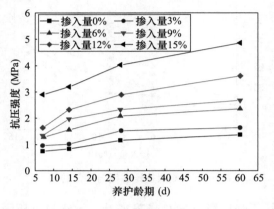

图 6-6　抗压强度和龄期的关系

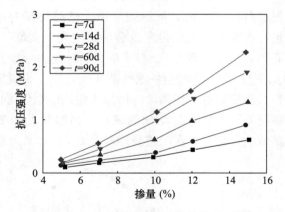

图 6-7　抗压强度与掺量、龄期的关系[55]

由于水泥改良后的黄土发生了团粒化反应，土颗粒粒径增大，故采用重型击实试验更为合适，实际工程中，公路行业也多采用重型击实试验对水泥土进行击实试验。重型击实试验单位击实功约为轻型击实试验的 4.5 倍，由此重型击实试验得到的水泥土最大干密度较轻型击实试验大，这使得两种击实试验压实后土样的强度存在较大差异。

图 6-8 为重型和轻型击实曲线图，由图 6-8 可以看出，重型击实下 6％掺量的水泥土的最大干密度达到 1.79g/cm³，轻型击实下 6％掺量的水泥土的最大干密度约为1.75g/cm³，重型击实得到的最大干密度较轻型击实的大，重型击实下土体的密实度更

高；而最优含水率则相反，重型击实得到的最优含水率较轻型击实的小，仅为12%，比轻型击实减少了约3%，这是因为压实功越大越容易克服土粒间引力，因此在较低的含水率下可以达到更大的密实度。

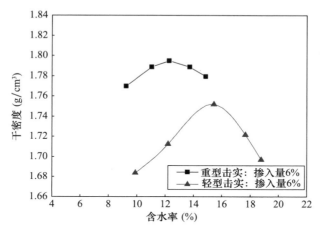

图6-8　两种击实的水泥土击实曲线对比

图6-9为28d养护龄期的两种击实条件下水泥土掺量与抗压强度的关系，由图6-9可以看出，随着掺量的增加两种击实条件的抗压强度也呈增大态势，两者抗压强度变化的规律基本相同。相同掺量下，重型击实对应的抗压强度均大于轻型击实，重型击实的抗压强度一般比轻型击实的抗压强度高25%~30%。因此，工程中采用重型击实确定水泥土的最大干密度，能够更有效利用水泥土的抗压强度。

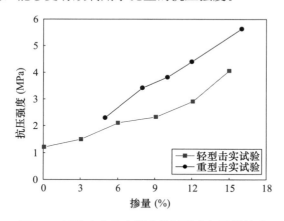

图6-9　两种击实的水泥土抗压强度与掺量关系

在实际工程中，以压实度（压实系数）控制压实质量和效果，压实度对抗压强度有很大影响。图6-10为两种击实条件下水泥土抗压强度与压实度的关系，由图6-10可以看出，两种击实条件下的水泥土抗压强度随着压实度的变化规律有所差异。轻型击实时，抗压强度随压实度的增加而增大的幅度较小，重型击实时，压实度小于94%内抗压强度增幅也较小，但压实度大于94%后抗压强度的增幅明显，有较大幅度的提高。抗压强度与压实度具有正相关性，压实度提高，土体孔隙减小、密实度增大，抗压强度应有明显的提高；抗压强度随压实度的增大提高不明显，说明压实水泥土没有达到"真正"的密实。原因在于水泥土的团粒化和硬凝反应，使土颗粒粒径增大，轻型击实功不足以克服颗粒间阻力移动土颗粒而减小孔隙，达到"真正"的密实。由此也可说明，重型击实功更能有效减小水泥土孔隙，使水泥土压实而达到真正的最大干密度，以显著提高水泥土抗压强度等工程性质。

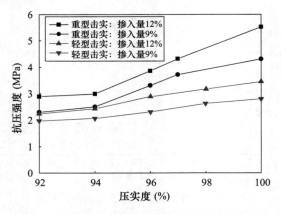

图 6-10　两种击实水泥土抗压强度与压实度的关系

重型击实条件下的水泥土的强度龄期效应也与轻型击实有所差异，图 6-11 为 10％掺量水泥土抗压强度与龄期的关系图，抗压强度随养护龄期的增加而增大，与图 6-6 对比可以看出，重型击实比轻型击实的抗压强度增长迅速，特别是前期增长速率高。

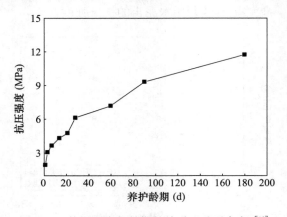

图 6-11　抗压强度与龄期的关系（重型击实）[46]

土料对水泥土的抗压强度也有较大的影响。水泥土对于土料的要求与混凝土类似，土料应具有较好的粒径级配，而不同地区黄土颗粒组成的差异对水泥土强度影响显著。文献[61]分别对砂粒含量较高的陇西黄土和砂粒含量较低的陇东黄土配制而成的水泥土进行研究，同掺入量和养护龄期下，陇西黄土的水泥土抗压强度高于陇东黄土水泥土；图 6-12 为黄土细粒土（粒径＜0.074）含量与水泥土抗压强度的关系图，此研究也显示土中粗粒含量与抗压强度成正相关关系；对于其他土类水泥土也有研究成果[52]表明，土质是影响水泥土强度的一个重要因素，在相同水泥掺量和养护龄期时，粉质黏土的强度要明显高于黏土和淤泥质土。这是因为粗粒土主要起到结构骨架支撑作用，而黏粒则与水泥作用相同起到胶结固定骨架和填充孔隙的作用，因此水泥土掺量一定条件下，粗粒越多，骨架强度越高，抗压强度越大。

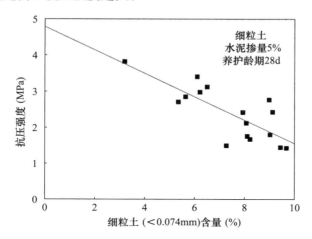

图 6-12 细粒土含量与水泥土抗压强度的关系[61]

6.4.2 抗剪强度

图 6-13、图 6-14 为水泥土黏聚力和内摩擦角与水泥掺量、龄期的变化曲线。由图 6-13、图 6-14 可以看出，水泥土抗剪强度随水泥掺量和龄期的增加而增大。在水泥掺入量 15％范围内，水泥土的黏聚力随着水泥掺量的增加而增长的态势几乎是线性的，增长幅度差别不明显，水泥掺入量在 6％以内水泥土的黏聚力增长幅度稍小，水泥掺入量大于等于 9％，增长幅度略有变大。虽然水泥土抗剪强度随掺量的变化不像抗压强度呈抛物线的增长，但也同样是随掺量的增加持续增长，在 15％掺量时也未有减弱的迹象，意味着继续加大水泥掺量，水泥土的黏聚力仍将继续增长。水泥土的黏聚力随着龄期的增长而增大，14d 龄期内呈快速增长，28d 龄期后增长速率变缓，虽然 60d 时仍有增长趋势，但增长速率缓慢。

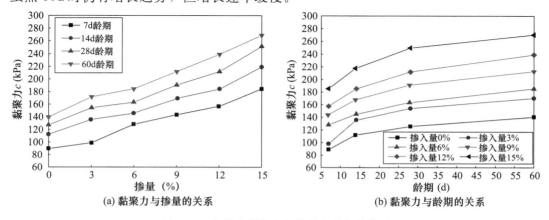

图 6-13 水泥土黏聚力与掺量和龄期的关系

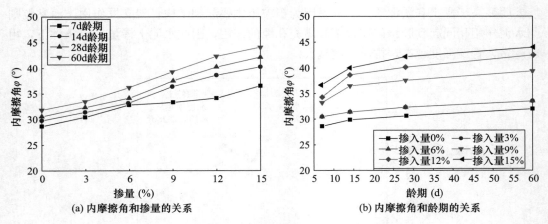

图 6-14　内摩擦角与掺量和龄期的关系

　　水泥土的内摩擦角随着水泥掺入量的增加有一定的提高，增长 25％～30％。相比于黏聚力，内摩擦角的增长相对不明显，表明水泥对黄土抗剪强度的提高主要依靠黏聚力的增大，而内摩擦角对抗剪强度的增长贡献较小。水泥土内摩擦角随龄期的增长而增大，但低掺量（小于 6％）整个试验周期内增幅均较小，9％掺量以上 28d 龄期内增幅较大，28d 后增幅变得不明显。

6.5　水泥土水理性质

　　黄土土料加入水泥可增加其斥水性，即当水分浸润水泥土表面时，浸润角呈钝角，水分不易进入土体内部，这在一定程度上可减弱水分润湿对水泥土的不利影响，提高水稳性，但常用水泥掺量对水泥土的斥水性影响十分有限，10％掺量的水泥土水滴入渗时间仅为 1.4s，仅比素土有所提高，仍属于亲水性（图 6-15）。

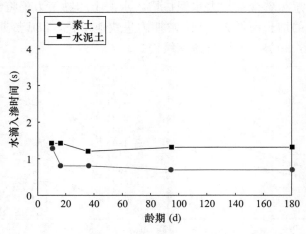

图 6-15　水泥土水滴入渗时间与龄期的关系

　　水泥的掺入对黄土的崩解性改良非常显著，压实黄土的土体虽然经过压实，但土颗粒间的联结方式和结构并没有产生质变，仍然存在大量的孔隙，若水渗入孔隙后，就破坏了土颗粒间的稳定的联结状态，使得土体在很短时间内崩解破坏，28d 以内龄期压实黄土的起始崩解时间不到 10min。但当水泥掺入黄土后，水化产物使得土体颗粒间产生了新的胶结状态，使得土体孔隙变小，浸水后水分渗入缓慢且难以对胶结状态造成破坏，仅短龄期（1d）且低掺量（3%）水泥土由于固化反应和胶结物产生尚不充分，受到浸水作用有轻微的剥落，其他掺入量与龄期的水泥土没有明显崩解现象，水稳性显著提高，崩解性得到彻底改良。

水泥土渗透系数随掺入量变化如图 6-16 所示。随着水泥掺入量的增加，水泥土的渗透系数逐渐减小，低水泥掺入量时，渗透系数减小的速度较缓；掺入量达到 9%，渗透系数变化幅度变大，较黄土压实后渗透系数降低一个数量级；当掺入量达到 12%，渗透系数比低掺入量降低一个数量级，达到 9.52×10^{-7} cm/s；12%～15% 掺量之间，渗透系数再无明显降低。

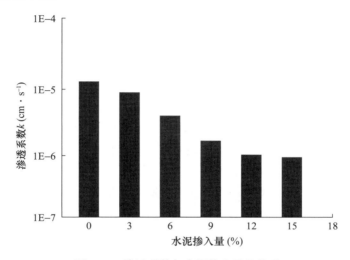

图 6-16　渗透系数与水泥掺入量的关系

水泥土渗透性的变化，是由于水泥掺入后固化反应形成新的产物填充在土颗粒孔隙，孔隙体积变小，渗透系数降低。当水泥掺入量为 3% 时，水泥反应初期形成的胶状物较少，对土体整体影响不大，使得渗透系数降低不明显；水泥掺入量在 3%～9% 时，水泥掺入量增大使反应产物增多，土体孔隙慢慢被其反应产物填满，渗透系数下降速度变快；而当水泥掺入量大于 9% 后，随着水泥掺入量增加，土中与渗流相关的联通孔隙已充填充分，再增加水泥不能有效地减少水泥土的渗透系数，造成渗透系数下降速率减缓。所以要获得较好的抗渗性能，且兼顾经济成本，水泥土的最优水泥掺入量宜在 9%～12%。

以 9% 掺量水泥土为例，比较水泥土、3:7 灰土和压实黄土的渗透系数与龄期的关系，结果如图 6-17 所示。压实黄土、灰土渗透系数随龄期增长而降低，变化速率较慢，变化范围保持在一个数量级中，龄期效应并不显著；水泥改良黄土渗透系数随龄期增长而明显降低，28d 龄期下的渗透系数相比 7d 时减小了一个数量级，渗透系数从 1.44×10^{-6} cm/s 逐渐降低至 2.87×10^{-7} cm/s，由此可以看出水泥改良黄土相比同龄期的重塑黄土和灰土，具有更好的防渗作用，尤其是随着龄期增加，其优势越明显。

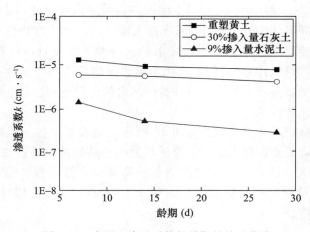

图 6-17　水泥土渗透系数与龄期的关系曲线

9％水泥改良黄土随着养护龄期的延长，渗透系数降低速率逐渐放缓，这表明水泥改良黄土固化反应速度在试样成型的初期较快，随龄期增长固化反应程度逐渐变慢；但龄期 28d 后渗透系数仍有降低的趋势，说明固化作用过程持续时间很长。在实际工程中水泥总体用量较大，反应会持续更长，对其养护 28d 以上，能够获得理想的抗渗性能指标。因此在黄土地区工程的抗渗处理中，可优先考虑 9％左右掺量水泥改良黄土作为防渗土料，在获得理想抗渗性能的同时兼具较好的力学性能。

6.6　水泥土微观结构

图 6-18 为压实黄土和不同掺入量水泥土的微观结构 SEM 成像，通过比较可以观察黄土中掺入水泥形成水泥土的微观组分变化，从微观角度直观地寻求造成压实黄土与水泥土不同宏观工程特性的原因。

从压实黄土的 SEM 成像可以明显观察到黄土颗粒为极不规则的片状或块状，大颗粒上附着有零星的小粒，颗粒之间联结较为脆弱，强度不高，结构不紧密。而不同掺入量水泥改良黄土 SEM 成像及与压实黄土对比，可清楚地观察到土颗粒表面附着有大量的凝胶物质。

随水泥掺量的增加，颗粒表面与颗粒之间可以观察到凝胶现象越加增多，掺入量 3％时水泥土颗粒表面与粒间的凝胶物质较少，凝胶物质仅使粒间摩阻力增大，颗粒相对移动变得困难；掺量 6％时水泥土的胶凝物质进一步增多，胶结、包裹作用使分散的片状土颗粒变成了块状及浑圆的大块团粒；掺量 9％时水泥土的大块团粒之间孔隙也被胶凝物质填充，减小孔隙体积的同时减少了孔隙数量，土颗粒相对错动受到极大的限制。

水泥掺量超过 9％以后继续掺入水泥时，土体颗粒形态、孔隙分布等微观结构的变化并不如 9％掺入量之前明显，这也印证了水泥改良黄土工程特性的测试结果，即在水泥掺入量为 9％时土壤结构已经发生较大变化，结构变得紧密，力学性质、水理性质得到明显提升。之后继续增大掺入量，宏观力学强度、抗渗性虽然继续增大，但增大幅度随掺入量的提高而减小。

(a) 压实黄土 (b) 掺入量3%水泥土

(c) 掺入量6%水泥土 (d) 掺入量9%水泥土

(e) 掺入量12%水泥土 (f) 掺入量15%水泥土

图 6-18 水泥改良黄土微观 SEM 成像（×500）

6.7 水泥土施工工艺的影响

由于水泥与土体中的水在较短时间发生反应，产生凝结，逐渐失去可塑性，故对水泥土的拌和、压实过程较其他改良土有更高的要求。一是对水泥土拌和的均匀性要求高，防止水泥自身和水发生反应生成水泥团粒而非水泥土，减弱水泥土整体的胶结性；二是对土料拌和或摊铺后与压实开始的间隔时间有要求，防止在碾压前水泥已出现凝结，使水泥土的强度大大降低。因此施工工艺对水泥土工程性质具有较大影响。

6.7.1 拌和方式的影响

水泥土作为掺合料与黄土拌和一般有湿法和干法两种拌和方法。两种拌和方法的区别在于往土料中加入水泥与水的顺序不同，干法拌和先加水与黄土拌和，待水分与黄土充分接触再掺入水泥拌和；湿法拌和先在黄土中加入水泥拌和均匀后再加水拌和。以两种拌和方式对抗压强度的影响进行优劣判定，由于现场黄土的含水率不同，黄土的初始含水率也会影响拌和方式的结果，故试验采用了两种含水率的黄土作为土料，一种是室内试验常用的风干黄土土料（含水率<3%），另一种是参照现场黄土实际含水率（8%）的黄土土料，分别用两种拌和方式配制最大干密度的试样（轻型击实）养护至 14d 龄期，两种土料水泥土的无侧限抗压强度与掺量的关系如图 6-19、图 6-20 所示。

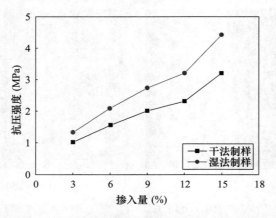

图 6-19　拌和方式对抗压强度的影响（风干黄土）

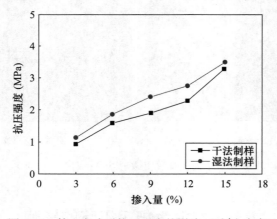

图 6-20　拌和方式对抗压强度的影响（8%含水率）

由图 6-19 可见，两种拌和方式的水泥土的无侧限抗压强度均随水泥掺入量的增加而增大，且随着水泥掺入量的增加，抗压强度增幅愈加明显，两种方法拌和的水泥土表现出基本相同的变化趋势。但是在水泥掺入量相同时，湿法拌和的水泥土无侧限抗压强度高，且随着水泥掺入量的增加，两者之间的差距有增大的趋势，最大相差 1MPa 左右，近25%，由此可见两种拌和方式对水泥土抗压强度的影响很大。造成两者差异的原因是湿法制样中水泥与黄土土料更加容易拌和均匀，再加水拌和后，土体中的水泥分布较为均匀，迅速拌合均匀后形成的水泥土可以表现出更好的抗压性能；而干法制样由于土料富有相当的含水率，当水泥掺入后需要更长的时间拌和均匀，在此过程中水泥已经与土体中的水发生反应，部分水泥形成了水泥团粒而非水泥土，导致土体的抗压性能低于湿法制样。

8%含水率黄土土料的两种拌和方式的抗压强度变化如图 6-20 所示，干法和湿法的水泥土无侧限抗压强度均随水泥掺入量的增大而增大，与风干黄土水泥土具有同样的变化趋势。湿法拌和水泥土的无侧限抗压强度仍然高于干法拌和水泥土，但两者之间的差距较风干黄土水泥土小，最大相差 0.5MPa。这说明对于 8%含水率黄土土料，仍是湿法拌和的水泥土无侧限抗压强度高；且黄土土料的初始含水率越接近最优含水率，两种拌和方式对抗压强度的影响越小。

两种土料均为湿法拌和后的抗压强度大，但同为湿法拌和，不同初始含水率黄土水泥土的抗压强度也有所不同，8%含水率黄土水泥土无侧限抗压强度要低于风干黄土水泥土，平均减小约 15%。这也很好理解，土料的含水率越低，土料与水泥的拌和越均匀，水泥与土体中的水先行发生反应的可能性越小，越不容易形成水泥团粒，水泥土的抗压强度就越高。总之，拌方式对水泥土的抗压强度有较大的影响，采用湿法拌和水泥土强度高；黄土土料的初始含水率越小，采用湿法拌和后的抗压强度越高，若黄土土料的初始含水率比较接近最优含水率，两种拌和方式对抗压强度的影响不明显。故工程中应根据土料的含水率及工程实际情况选择合适的拌和方式，尽可能地保证拌合的均匀性，减小对水泥土强度发挥的不利影响。

现场施工时水泥拌和均匀和压实度控制是关键问题。两种拌合方式均具有施工控制难点：采用湿法拌合需对加水量精准控制，超过或低于水泥土最优含水率，难以有效测定和调整，影响土体压实效果。同时虽然湿法拌合先混合干土和水泥，这更有利于拌和均匀，但与室内试验不同，室内试验中土和水泥混合干料体积小，厚度薄，加水后容易快速入渗拌和均匀。但是现场拌和体积大，混合干料具有一定的厚度，当采用洒水方法增加含水率时水分平面分布均匀、但渗透慢，厚度方向水直接到达的层面混合干料与水已发生反应，而水未入渗到的层面则无法发生有效反应，这一差异会导致现场施工中湿法拌和也可能会出现水泥土整体反应不同步和不均匀的问题，故需要减小虚铺厚度，并在加水后快速翻动拌和均匀。而采用干法拌和一方面易于对水泥土控制最优含水率，在拌和过程中可避免水泥直接遇水时发生较快反应，整体上延缓水泥与水反应速率，在拌和效率一定时争取更多的拌与压实时间。但另一方面由于该方法本身是土先加水拌和黄土，然后加入干水泥拌和，相当于要使具有较高含水率的土体和干水泥混合均匀，这又容易出现湿土对水泥的包裹现象，拌和均匀需要更多时间破碎包裹团粒，破碎过程可能出现包裹团粒水泥已经自身吸水硬凝，即使团粒破碎拌和均匀后参与有效固化的水泥量也会减小，这种矛盾也需要通过现场提高拌和效率来减弱不利影响，因此不同于室内试验。现场施工中两种方法都存在拌和不均匀的可能，只是其诱因不同，具体方式选择应根据实际土料性质、水泥性质、加水方式、拌和机械效率等综合决定。

6.7.2 压实时间间隔的影响

水泥土中水泥和土料、水拌和后经历一段时间就会凝结，逐渐失去可塑性，若不在合理的时间内完成压实,水泥的胶结颗粒就变得酷似砂粒,黏聚力降低,此时再进行压实,不仅压实效果变差,而且已凝结的水泥胶结颗粒还可能被压碎,使水泥土的强度大大降低。故实际工程中应当控制水泥土的压实开始及完成时间,尽早完成水泥土的压实。

土料拌和或摊铺后与压实开始的间隔,称之为压实时间间隔。在室内击实试验中,当其他条件一定时,水泥土的最大干密度和最优含水率会随压实时间间隔而变化,一般来说,时间间隔越大,测得的压实度的偏差值越大。有研究[66]认为水泥土在间隔 1h 时最大干密度达到峰值,最优含水率也会在间隔 1h 内降低至最小,对于无侧限抗压强度,在间隔时间为 2h 时最大,而大于 2h 后随着时间间隔的增加,抗压强度会逐渐降低;高水泥掺量(大于 9%)的最大干密度降低幅度大,低水泥掺量降低幅度小。因此水泥土拌和与压实时间间隔控制在 2h 时最好。

在实际工程中,由于施工过程复杂,考虑到实际情况和间隔时间的不利影响,不同应用场景的最大压实间隔时间要求也不同。因此,水泥土压实的时间间隔是影响水泥土施工质量的一大因素,应予以重视,水泥土拌和压实应尽量控制在 3h 左右完成,以最大程度地降低对水泥土力学性能的影响。

6.8 水泥土工程特性综述

综合上述水泥土的物理力学特性、水理特性以及掺量、龄期等因素对性质指标影响规律,水泥土的工程性质和应用控制原则有:

(1)水泥加入黄土后可以全面改善黄土的工程性质。水泥土结构稳定,具有强度高、渗透性低、水稳性好的特性,工程应用广泛,尤其适合对强度、渗透性和稳定性要求高的工程,是具有良好工程性质的改良土。

(2)水泥的掺入有利于改善黄土的击实性能。随着水泥掺入量的增加,水泥土最优含水率逐渐增大,最大干密度逐渐降低。水泥土的最优含水率控制范围较大,从而更加便于控制含水率而得到理想的干密度。

(3)抗压强度、抗剪强度均随掺量的增加而增加,但水泥掺量较大(大于 9%)时,水泥土(抗压、抗剪)强度开始有较大幅度的增长,才能体现出水泥对黄土的高效改良;水泥掺量大于 15% 后,强度随掺量增大的趋势没有减弱的迹象,即继续加大水泥掺量,水泥土的强度也会继续增大。虽然在研究的掺量(3%~20%)范围内并没有出现掺量对应的强度峰值,但综合考虑改良效率及经济性,建议水泥的掺量控制在 9%~20% 为宜。

(4)水泥土的抗压强度随着龄期增大而增加,而且水泥掺量越大,强度增长持续时间越长,抗剪强度随龄期的变化也类似抗压强度;水泥土的强度增长在龄期超过 90d 后才开始减缓。因此水泥土以 90d 龄期强度作为标准强度较为合理。

(5)重型击实下的水泥土抗压强度高于轻型击实下的水泥土抗压强度 25%~30%,从压实度-抗压强度-击实功的关系分析也显示水泥土采用重型击实更合理。因此,工程中应采用重型击实确定水泥土的最大干密度,以有效利用水泥土的强度。

(6)水泥改良黄土的抗渗透性能良好,低水泥掺入量下土体渗透系数变化速率较大。随龄期增长土体的渗透性改良效果减弱。水泥掺入还可有效改善黄土的崩解性,较低水泥掺入量的改良黄土在较短养护龄期下可也具备优秀的抗崩解性能。

（7）拌和方式对水泥土的抗压强度有较大的影响，采用湿法拌和水泥土强度高；黄土土料的初始含水率越小，采用湿法拌和后的抗压强度越高，若黄土土料的初始含水率比较接近最优含水率，湿法与干法拌和方式对抗压强度的影响不明显。故工程中应根据土料的含水率及工程实际情况选择合适的拌和方式，尽可能地保证拌和的均匀性，减小对水泥土强度发挥不利的影响。

（8）水泥土压实的时间间隔是影响水泥土施工质量的一大因素，应予以重视，水泥土拌和压实应尽量控制在 3h 左右完成，以充分发挥水泥改良黄土的压实效果和力学性能。

6.9 水泥土的工程应用

水泥土通过水泥浆机械加入或水泥摊铺、撒布、路拌等施工方法，使原状土与水泥充分混合，经过适当的养护期（龄期），即成为一种具有一定力学强度和耐久性能的改良土。水泥土的水泥与黄土拌和压实，其密度、含水率、强度等各因素都会随时间发生变化，选择合适的施工工艺，对改良土路基最终质量起到关键作用。工程应用中，应根据工程要求和黄土水泥土工程特性，确定合理的水泥掺入量和龄期；同时黄土水泥土施工工艺、拌和料压实延时等，对水泥土工程特性具有较大影响。

因水泥土的强度、变形、抗渗透性能等良好工程特性，其被广泛地应用于水利、交通、市政和建筑等各类工程建设中，典型工程实例[65]如下：

水泥土在黄土地区某客运专线铁路路基进行较大范围的应用。该铁路某检测段属黄河二级阶地，路基位于第四系黄土层中，含少量钙质结核及蜗牛化石。黄土层厚度 9～13m，该段路堑地基处理采用 DDC 工法夯扩桩，路基垫层与基床底层采用 6％水泥掺入量的水泥土填筑，厚度 2.3m；路基填筑质量要求褥垫层和基床底层压实系数≥0.95。水泥土采用集中机械拌和（厂拌）进行拌和。水泥土填料松铺厚度 30cm，以 BW225D-3 型压路机压实 5～6 遍。水泥土检测结果为：

（1）压实度：水泥土随含水率增大，其干密度及压实系数呈衰减趋势。在最优含水率附近一定范围内（12％～13％），其压实系数均大于 0.95，压实效果较好；而随含水率继续增加（大于 13％），压实系数均小于 0.95，不能满足填筑质量要求。表明含水率是压实度控制的主要因素。

（2）无侧限抗压强度：现场采取试样，进行回填水泥土无侧限抗压强度试验，检测结果如表 6-7 所示。

表 6-7 水泥土无侧限抗压强度检测结果　　　　　　　（MPa）

检测指标	龄期（d）		
	7	14	28
平均值	0.937	1.175	1.440
最大值	1.086	1.243	1.588
最小值	0.537	0.894	1.332

在该工程应用中，通过检测与后期变形监测，黄土水泥土填筑路基本体在自重作用下的每米高度路基的平均沉降率为 0.25%，满足铺设无砟轨道路基设计标准。质量控制在施工中应严格控制填料摊铺碾压时间，尽量缩短拌和至碾压完成的时间，确保碾压和检测在水泥初凝前完成，以避免其对黄土水泥土填料压实密度及力学强度指标的影响。

室内试验及工程应用均表明，黄土土料加入一定量的水泥和水，使水泥和黄土土料发生水化反应，改变了黄土土料的颗粒组成及结构，提高填料的强度（CBR 值和无侧限抗压强度）、刚度、水稳性等工程性质，从而获得较高的强度和水稳定性。不同水泥掺入量的黄土水泥土养护一定龄期后抗压强度均大于 500kPa，满足铺设无砟轨道路基设计要求。黄土水泥土应用于黄土路基填筑施工中，具有较高的强度以及水稳定性，能够有效改善路基施工质量，同时水泥改良土施工工艺便捷，机械化程度较高，适应性好。但需要控制的是，在水泥改良土施工中，需要加强试验检测，确定素土含水率，根据水泥含量要求进行调整，尽量缩短水泥改良土的拌和时间，加强平整和碾压工艺控制，有效提升黄土地基抗压缩性。

7 石灰、粉煤灰改良黄土

7.1 概述

石灰、粉煤灰改良黄土是在灰土的基础上发展起来的一种改良土，黄土中掺入一定比例的石灰和粉煤灰对黄土进行改良，黄土与石灰和粉煤灰的混合料称之为二灰改良黄土，简称二灰土。

粉煤灰是火力发电厂、供热厂锅炉燃烧煤粉后的一种工业废料，它与煤矸石、冶金矿渣一起并称为三大废料。粉煤灰大部分呈粉末状，表面光滑，微孔较小，部分颗粒因熔融时粘连，表面粗糙。粉煤灰主要成分为 SiO_2、Al_2O_3、Fe_2O_3，还有少量的 CaO、MgO 等。粉煤灰产量大，其数量一般要占燃烧煤炭的 30% 左右，据我国用煤情况，燃用 1t 煤产生 $250\sim300kg$ 粉煤灰。大量粉煤灰如不加控制或处理，会占用大量土地堆放，进入水体会淤塞河道，并且会造成大气污染，其中某些微量元素如 Pb、Cd 等影响环境，对生物和人体造成危害。

粉煤灰作为城市环境的主要固体污染源，世界各国特别是发达国家在综合治理方面进行了大量的工作。荷兰是发达国家中粉煤灰利用最先进的国家之一，经过多年努力，该国电厂固体废渣利用率达到 100%，其中最主要是与水泥混合作为混凝土的掺合料，质量较差的灰则生产人造砂石和供应水泥厂作水泥原料，以及作为沥青的填充料。我国也非常重视对粉煤灰的利用，20 世纪 90 年代印发了《中国粉煤灰综合利用技术政策及其实施要点》，进一步将粉煤灰的综合利用推向高潮。对粉煤灰的利用主要集中在建筑与交通等领域，其中将粉煤灰作为主要或附加成分制成建筑材料占到我国利用量的 $80\%\sim90\%$，主要原因是建筑材料（包括混凝土和土）使用粉煤灰改良成本低、用量大，可以有效改善建筑材料的工程性能。粉煤灰在交通行业的应用主要是作为路基的基层，从初期的粉煤灰垫层用于一般公路路基到粉煤灰改良土（二灰土）用于高等级公路路基，粉煤灰越来越多地应用于工程建设。

粉煤灰作为一种硅质或硅铝质材料，多为球状玻璃质，本身很少或没有黏性，在调水后本身并不能硬化，但与石灰混合，加水拌和成胶泥状态后不但能在空气中硬化，而且能在水中继续硬化。这是因为粉煤灰化学成分中含有大量活性 SiO_2 及 Al_2O_3，在潮湿的环境中以细分散的状态与水和石灰的主要成分 $Ca(OH)_2$ 等碱性物质发生化学反应，能够生成水化硅酸钙、水化铝酸钙等胶凝物质，可以改善压实土的物理力学性质。故一般并不单独采用粉煤灰对土进行改良，而是石灰与粉煤灰一起对土进行改良。另外粉煤灰与土相比结晶矿物含量较少，因而相对密度较黄土小，这一特点对填土工程非常有利，可以降低下卧土层压力，减小沉降；粉煤灰的结构细密，比表面积小，对水的吸附能力较小，从而相较相同量的石灰或水泥，其需水量少，这也是粉煤灰作为工程材料的优点。另一方面，粉煤灰含有一定量的微量有害元素，用于填筑工程可以最大限度地减小对环境的影响，故利用石灰和粉煤灰对土进行改良有很好的工程应用前景。

石灰、粉煤灰与土混合后是一种很稳定的改良土，已有学者和技术人员对其改良机理、掺合比及工程性质进行了大量的研究，并取得了一些重要成果。进入 21 世纪，石灰、粉煤灰对黄土改良的研究及应用[73-75]发展迅速，这得益于高速公路发展对路基材料的大量需求，也是由于石灰、粉煤灰对黄土改良后具有的良好工程性质。作为地基回填土的新型材料，二灰土具有自重轻、抗剪强度高、水稳定性好、抗冲刷性好、造价低和施工性好的特性，特别是粉煤灰的综合利用有利于环境保护的发展，既变废为宝，又减少了环境污染，有很好的社会效益。目前二灰土已经在公路基层和建筑物地基改良土领域里得到了广泛的应用，用于筑路、回填及水泥混合材料的比率占总利用率的绝大部分，并且取得了明显的经济效益和应用成果。

由于粉煤灰是与石灰发生化学反应生成胶凝物质而改良黄土的，故粉煤灰一般是替代灰土中的部分石灰，石灰和粉煤灰与黄土的比例采用常用的灰土比例 2：8 或 3：7，而且灰土、二灰土的早期强度较低，灰煤掺量一般不宜过高，工程中常用的二灰土掺合比（石灰、粉煤灰、土）一般为 1：1：8 或 1：2：7。

二灰土是在灰土的基础上发展起来的，故二灰土中石灰和土料的要求同灰土的要求，对粉煤灰的技术要求因应用范围不同要求也不一样。目前我国对粉煤灰在建筑工程中的技术要求主要是针对混凝土中用粉煤灰，如《粉煤灰混凝土应用技术规程》（GB/T 50146—2014）[76]，用于混凝土中粉煤灰的技术要求要高一些；而粉煤灰作为回填材料的应用则以公路交通行业为最早且最为广泛，故用作回填材料的粉煤灰主要参考公路路基的技术要求，如《公路路基施工技术规范》（JTG/T 3610—2019）[77]。粉煤灰的技术指标主要要求如下：

（1）烧失量（在 800～900℃温度下能烧失的量）

由于粉煤灰中的含炭量过多会影响其活性，烧失量越大也就是粉煤灰中的含炭量越大，则相应的活性组分越少，粉煤灰的活性就降低，所以我国《公路路基施工技术规范》（JTG/T 3610—2019）规定用于路基填筑的粉煤灰的烧失量应不大于 20%。

（2）氧化物的含量（$SiO_2 + Al_2O_3 + Fe_2O_3$）

粉煤灰中氧化物的含量对二灰土的强度影响较大，当石灰中的氧化钙和氧化镁的含量低于 20% 时，二灰土的强度会受到明显的影响。我国《用于水泥和混凝土中的粉煤灰》（GB/T 1596—2017）[78]规定 F 类粉煤灰（由无烟煤或烟煤煅烧收集的粉煤灰）中二氧化硅、三氧化二铝和三氧化二铁的总含量应不小于 70%。

（3）细度

粉煤灰的细度直接影响其与石灰和土的火山灰反应生成物的数量，从而影响二灰土的强度，粉煤灰的细度越小，比表面积越大，粉煤灰的活性就越大，二灰土的强度就越高。我国规定粉煤灰的比表面积宜大于 2500cm^2/g（或 90% 通过 0.3mm 筛孔，70% 通过 0.075mm 筛孔）。

由于粉煤灰中含有一定量的微量有害元素，建筑材料用粉煤灰的放射性核素限量应按国家标准《建筑材料放射性核素限量》（GB 6566—2010）的有关规定执行。

7.2　二灰土改良机理

粉煤灰是燃煤发电的火力发电厂排出的工业废料，主要含有大量的活性二氧化硅（SiO_2）、三氧化二铝（Al_2O_3）、三氧化二铁（Fe_2O_3）等酸性氧化物以及少量的氧化钙（CaO）等，土中同样也含有无定形的 SiO_2 与 Al_2O_3 等物质，而熟石灰的主要成分则为氢氧化钙 Ca（OH）₂，粉煤灰、石灰与土料混合夯实以后形成致密的混合结构，具有一定的初始强度和整体性，同时三者之间发生一系列化学作用，使得改良土性质发生了根本变化。二灰土的改良机理[79~81]如下：

（1）离子交换和絮凝作用

二灰土中的石灰会与土发生离子交换与絮凝作用，土颗粒具有胶体性质，携带负电荷，土颗粒表面吸附有 Na^+、H^+ 与 K^+ 等低价阳离子。土中掺入粉煤灰与石灰后，带来的 Ca^{2+} 与 Mg^{2+} 等离子在土颗粒表面与低价阳离子发生离子交换，土表吸附的离子由一价变成二价，土中的离子浓度改变，水膜厚度变薄，降低了土颗粒表面吸附力，土颗粒在引力作用下靠近，产生絮凝作用，土颗粒粗化结团成为稳定组织。

（2）水化反应作用

粉煤灰、石灰与土三种材料经拌和压实后，在一定的含水率条件下发生一系列的水化反应，其过程可以用以下的化学反应方程式表示：

$$Ca（OH）_2 + SiO_2 + nH_2O \longrightarrow CaO \cdot SiO_2 \cdot nH_2O$$
$$Ca（OH）_2 + Al_2O_3 + nH_2O \longrightarrow CaO \cdot Al_2O_3 \cdot nH_2O$$
$$Ca（OH）_2 + Fe_2O_3 + nH_2O \longrightarrow CaO \cdot Fe_2O_3 \cdot nH_2O$$

由上述反应式可以看出，石灰中的氢氧化钙与活性二氧化硅、氧化铝、氧化铁反应生成水化硅酸钙（$CaO \cdot SiO_2 \cdot nH_2O$）、水化铝酸钙（$CaO \cdot Al_2O_3 \cdot nH_2O$）、水化铁酸钙（$CaO \cdot Fe_2O_3 \cdot nH_2O$）等一系列不溶于水的稳定性结晶生成物。其中 OH^- 离子使粉煤灰玻璃体中的 Si—O、Al—O 键断裂，可以提高玻璃体的活性，促进水化反应，并加快水化速度。Ca^{2+} 离子参与生成胶凝性水化产物，是促使改良土在水化反应中产生强度的必要条件。随着水化反应的不断深化，更多的水化生成物生成，并在空气和水中逐渐硬化，将二灰土拌和物中的固体颗粒胶结在一起，形成了较大的团粒结构，使得二灰土的强度高于其任一组分物质的强度。这一水化过程将一直持续到反应平衡时为止，整个过程比较缓慢，二灰土的强度则随着时间的增长而缓慢增大。

（3）碳酸化作用

二灰土中氢氧化钙 Ca（OH）₂具有一定的粘结性，在形成二灰土强度的水化反应中需要相当的氢氧化钙数量，氢氧化钙碳酸化生成惰性的碳酸钙，虽然碳酸钙可以填充颗粒孔隙，粘结改良土颗粒，但由于丧失了石灰的活性，减少了反应所需的氢氧化钙，对形成胶凝水化产物没有帮助。

（4）物理成型作用

二灰土三种成分的拌和与压实对它的强度形成起积极作用，使得各组分材料充分接触、紧密联系，不仅可以产生限制颗粒位移的摩阻力，而且还有利于上述化学物理作用的反应，产生粘结力，是产生初期强度的重要因素，也为后期强度的持续增加提供了基础。

7.3 二灰土物理力学性质

石灰和粉煤灰的掺入对黄土的工程性质有明显的改善，但从黄土的粒径分类，包括粉土和粉质黏土，原土料的性质对改良效果有很大的影响，作者分别以粉土和粉质黏土为原土料进行灰土和二灰土改良[19][42]，研究结果也显示了原土料对改良土的力学性质和水理性质均有不同程度的影响。本节以粉质黏土类黄土的改良为主（为了叙述方便，7.3 节、7.4 节不做标注的二灰土均是以粉质黏土类黄土为素土土料），并对粉质黏土类二灰土和粉土类二灰土做一些比较，以此说明两类二灰土性质的差异及工程应用的选择。

7.3.1 压实性

由于粉煤灰主要是以硅、铝为主的非晶态玻璃球体组成，结晶矿物含量较少，故其相对密度比黄土和石灰都小，一般松散重度在 $6\sim7kN/m^3$ 之间，经轻型击实试验后最大干密度在 $0.92\sim1.35g/cm^3$ 之间，比黄土轻得多，因此二灰土比黄土的最大干密度小得多，较相同掺量比的灰土也稍微小一些。如表 7-1 所示，相对于素土，二灰土的最优含水率有较大幅度的增大，最大干密度有较大幅度的下降。但和相对应的灰土比较（灰、土比例一致），二灰土的最大干密度、最优含水率都有所下降，反映了粉煤灰的比重小于土粒与石灰颗粒比重，而粉煤灰的比表面积小，对水的吸附能力较小，从而比相同量的石灰需水量少。二灰土的最大干密度仅仅略低于灰土，而两者的最优含水率的差距在 2% 左右，说明粉煤灰的掺入对灰土的干密度改变不大，但对灰土的最优含水率有较大的影响。

表 7-1 不同掺量二灰土与灰土最优含水率和最大干密度对比

试样	最优含水率（%）	最大干密度（g/cm³）
素土	17.2	1.74
3:7灰土	22.6	1.53
1:2:7二灰土	20.9	1.52
2:8灰土	20.4	1.57
1:1:8二灰土	18.8	1.55

图 7-1 为二灰土掺量与干密度、含水率的关系图，随着粉煤灰掺量的增加，二灰土的最大干密度减小，最优含水率增大。二灰土的最大干密度随掺量的增加而减小是由于粉煤灰的比重小于土粒比重，应当注意最大干密度的减小并不等同于二灰土密实度降低；而二灰土的最优含水率的增加是因为粉煤灰与石灰、土的水化反应需要较多的水分，虽然粉煤灰的粒径大于黏土，比表面积较小，但粉煤灰与石灰、土混合后的水化反应是在一定的含水率条件下才能发生的，二灰土中的水分不仅是起土颗粒的润滑作用，更主要的是供给水化反应。

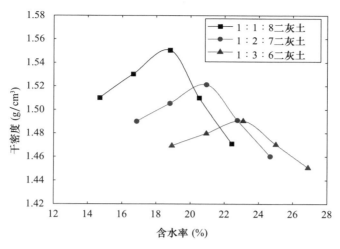

图 7-1 二灰土掺量与干密度、含水率的关系

从图 7-1 二灰土的击实试验曲线的形态来看，随着粉煤灰掺量的增加，击实曲线由"尖锐"转变为"平缓"，最优含水率范围更宽，这有利于现场施工对含水率的控制；在达到最优含水率前，含水率的变化对于干密度影响较小，曲线呈平缓上升趋势；而达到最优含水率后，曲线下降较迅速，含水率的变化对干密度影响大，故工程中二灰土的含水率宜小不宜大，应控制在 $\omega_{op} \pm 2\%$ 范围内。

7.3.2 压缩性

黄土中加入石灰、粉煤灰后可提高土的强度，减小土的孔隙率，降低土的压缩性，压实黄土的压缩模量一般在 $10 \sim 20$ MPa，二灰土的压缩模量均大于 20MPa。但随着粉煤灰掺量的增加，二灰土的压缩系数依次增大，压缩模量减小（表 7-2、图 7-2），即压缩性增大，但其变化幅度不大，且二灰土压缩系数均小于 0.1MPa^{-1}，属于低压缩性材料，小于工程中常用的 2：8 灰土的压缩系数。而且据有关试验结果表明，石灰含量大于 10% 时其压缩系数的减小幅度很小。二灰土的压缩性受龄期的影响较大，随着龄期的增长压缩模量有很大增长，30d 龄期的压缩模量可达到 5d 时的 2.5 倍，而且 30d 后压缩模量仍在增长。这是因为随着龄期的增大，二灰土的火山灰反应逐渐充分，反应的产物有效充填了孔隙，且絮凝作用也会使二灰土的刚度提升，这使得二灰土的压缩模量有很大增长，压缩性下降。

表 7-2 二灰土的压缩性指标[73]

试样	压缩系数（MPa^{-1}）	压缩模量（MPa）
1：2：7 二灰土	0.018	96.66
1：3：6 二灰土	0.030	74.62
1：4：5 二灰土	0.039	44.34

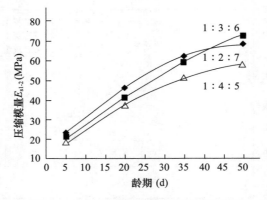

图 7-2　二灰土压缩模量与龄期的关系[82]

7.3.3　抗压强度

粉煤灰掺量在 10％～30％之间，二灰土抗压强度随着粉煤灰掺量的增加呈增大趋势（图 7-3）。从早期强度（28d 以前）看，三种配比二灰土的强度大小依次是 1：2：7＞1：3：6＞1：1：8；28d 以后三种配比二灰土的强度大小依次是 1：3：6＞1：2：7＞1：1：8，但 1：2：7 和 1：3：6 二灰土强度相当接近，且远大于 1：1：8 二灰土强度，这表明一定量的粉煤灰掺入可以提高改良土的后期强度，但掺量过多所带来的强度收益并不高。原因之一是在粉煤灰、石灰和土颗粒没有充分胶结以前，密实程度对强度起决定性影响；原因之二是当粉煤灰含量较小时，土体中的活性成分（SiO_2、Al_2O_3 与 Fe_2O_3 等）浓度不够，水化反应不充分，生成颗粒之间的结晶联结少，因而强度较低，当粉煤灰含量过多时，过多的活性成分无法完全和熟石灰中的氢氧化钙发生反应而降低了颗粒之间的联结强度，因而强度减小。

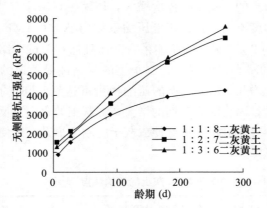

图 7-3　二灰土最大干密度时的强度与龄期的关系[83]

二灰土具有较强的龄期效应，根据二灰土强度随龄期的变化规律，我们把龄期分为三个阶段，28d 以前为早期，28～180d 为中期，180d 以后为后期。从图 7-3、表 7-3 所示的二灰土无侧限抗压强度的试验结果中可以看出，抗压强度随着龄期而增大，中期强度增加非常显著，特别是有一定掺量（20％～30％）的二灰土，甚至 180d 后的强度发展潜力依然很大，即后期强度发展仍不可忽视。270d 的强度约为 28d 强度的 3 倍，约为 180d 强度的 1.2 倍。这是由于粉煤灰的水化反应滞后于石灰的水化反应，反应过程比较缓慢且一直持续到反应平衡时为止，因此，早期强度低、中后期强度高、强度增长持续时间长是二灰土比较典型的特点。

表 7-3　无侧限抗压强度试验结果[83]

试样编组		SY1	SY2	SY3	SY4	SY5	SY6	SY7	SY8	SY9
灰土比		1:1:8	1:1:8	1:1:8	1:2:7	1:2:7	1:2:7	1:3:6	1:3:6	1:3:6
含水率（%）		21	24	26.9	20.1	23.5	26.4	19.4	22.9	26.8
干密度（g/cm³）		1.54	1.63	1.56	1.51	1.57	1.5	1.4	1.46	1.43
无侧限抗压强度（kPa）	7d	655	889	520	1275	1526	1492	1033	1302	998
	28d	1243	1554	1341	1831	2104	2211	1400	1963	1429
	90d	2576	2998	2800	2791	3543	2903	3376	4105	3581
	180d	3187	3867	3721	4511	5726	4719	4983	5981	4462
	270d	3578	4255	4003	5127	6982	6038	5543	7554	5971

在 1:1:8、1:2:7 和 1:3:6 配比的二灰土中，以 1:2:7 二灰土的配比最接近最佳配比，前期强度最大，后期强度比 1:1:8 大得多，同时与 1:3:6 相比很接近，就抗压强度而言，可以认为 1:2:7 是最佳配比。

由表 7-3 无侧限抗压强度试验结果还可以发现，含水率对二灰土的抗压强度特别是后期强度影响甚大。以 1:2:7 二灰黄土的强度试验为例，含水率为 23.5% 组二灰土的干密度为 1.57g/cm³，含水率为 20.1% 组二灰土的干密度为 1.51g/cm³，两组样干密度差别为 4%，并不是很大，但其抗压强度值尤其是后期强度值却相差甚远，前者 270d 的无侧限抗压强度为 6982kPa，后者为 5127kPa，相差 27%。其他两种配比的二灰土也显示出相同的规律性，试验表明一般干密度与最大干密度差 4% 左右时，强度相差在 20% 左右，故工程中应当注重二灰土压实过程中含水率的控制。

7.3.4　抗剪强度

图 7-4 为二灰土和素土在竖向压力 $\sigma=300$kPa 下抗剪强度随龄期增加的变化曲线，图 7-4 中很好地表明了二灰土抗剪强度的变化。可以看出，二灰土的抗剪强度随着龄期的增加呈增长的态势，素土和二灰土随龄期的增长均表现出明显的快速增长段和缓慢增长段。不同的是，素土的快速增长段为 28d，而二灰土的快速增长段为 180d。素土抗剪强度仅在早期快速增长，二灰土抗剪强度在早期、中期均为快速增长，28d 时二灰土的抗剪强度仅略高于素土，而 180d 时抗剪强度已达素土的 1.6~1.8 倍，说明中期是二灰土强度提高的主要阶段。180d 之后，二灰土的抗剪强度仍在缓慢增长，且 1:2:7 二灰土的强度值和增长速率高于 1:1:8 二灰土。由此可见，龄期对抗剪强度的影响较大，龄期越长，强度越高；粉煤灰掺量越高，强度增长持续时间越长，一般在 180d 以后增长才趋于缓慢。结合抗压强度龄期效应，当需要充分发挥二灰土强度潜力时，选择 180d 作为标准龄期较为合理；当考虑工况和工期因素时，则可相对保守地选择 90d 作为标准龄期。二灰土的抗剪强度随掺量的增加而增大，1:2:7 二灰土的抗剪强度始终大于 1:1:8 二灰土。1:2:7

二灰土的最大抗剪强度接近素土的 2 倍，说明二灰土的抗剪强度改良效果明显。

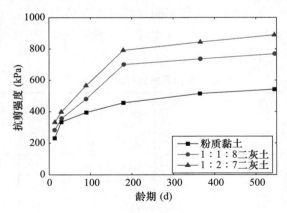

图 7-4　二灰土抗剪强度与龄期的关系

图 7-5 分别为 300kPa 下抗剪强度的黏聚力、内摩擦角的变化曲线。从图 7-5 中可以看出，黏聚力在整个龄期范围内的变化与抗剪强度相似，说明二灰土的抗剪强度变化主要受黏聚力的影响；内摩擦角变化主要在 180d 之内变化明显，但与黏聚力变化规律不同的是粉煤灰掺量越高内摩擦角的初始值越低，但变化速率越大，1：2：7 二灰土在中期内从最低值发展到最高值，说明二灰土早期强度低的特性受内摩擦角的影响较大。

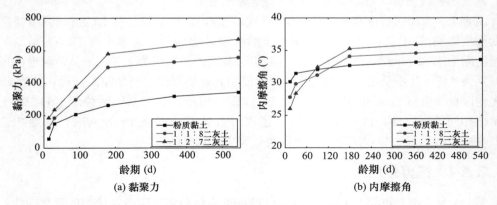

图 7-5　二灰土黏聚力和内摩擦角与龄期的关系

作者对二灰土掺量的研究仅限于 1：1：8 和 1：2：7 两种配比，无法全面说明粉煤灰掺量对二灰土抗剪强度的影响。粉煤灰大掺量对二灰土抗剪强度的影响可以从文献[75]、[84] 得到，对 1：2：7、1：3：6、1：4：5 和 1：5：4 配比二灰土的抗剪强度的研究结果表明，二灰土抗剪强度随粉煤灰掺量的增加呈先增大后减小的规律，在 1：2：7 和 1：3：6 配比之间抗剪强度达到峰值；或二灰土抗剪强度随粉煤灰掺量的增加而增大，当粉煤灰含量从 20％到 30％时抗剪强度增长比较迅速，再增加粉煤灰含量其抗剪强度增长并不明显。这些结论与二灰土抗压强度以 1：2：7 配比最接近最佳配比规律一致，因此，可以建议工程中以 1：2：7 配比作为二灰土强度的最佳配比。

综上所述，二灰土的抗压强度和抗剪强度都表现出其早期强度低的特点，这一直是影响二灰土在更广泛的领域推广使用的主要原因，在工程应用时应予以重视。

7.4　二灰土水理性质

二灰土的渗透系数试验结果如图 7-6 所示。从图 7-6 中可以看出二灰土的渗透系数远小于素土的渗透系数，素土的渗透系数在 10^{-6}cm/s 数量级，而二灰土的渗透系数减小到 10^{-7}cm/s 数量级以下，且 1∶2∶7 二灰土的渗透系数始终小于 1∶1∶8 二灰土；从龄期上看，渗透系数在 90d 之内变化幅度很大（从 10^{-6}cm/s 减小到 10^{-7}cm/s 数量级），之后的变化幅度逐渐减小，趋于平缓；养护龄期到达 180d 后，1∶2∶7 二灰土的渗透系数已减小到 10^{-8} 数量级，但素土和 1∶1∶8 二灰土渗透系数仍较大。

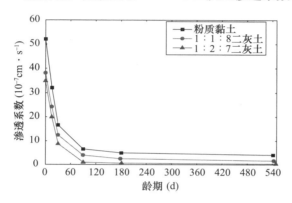

图 7-6　二灰土渗透系数与龄期的关系

粉煤灰大掺量对二灰土渗透性能的影响可以由文献[82]得到，对 1∶2∶7、1∶3∶6、1∶4∶5 三种配比的二灰土渗透性试验结果显示（表 7-4），随着粉煤灰掺量的增加，渗透系数呈先下降后增大的趋势，1∶3∶6 二灰土的渗透系数最小，即二灰土的渗透性也存在峰值，推断二灰土的防水性能最佳配比应在 1∶2∶7、1∶3∶6 之间，这与强度的最佳配比一致。

表 7-4　二灰土不同配比渗透系数（cm/s）[85]

石灰粉煤灰土配比	7d	14d	21d	28d
1∶2∶7	13.5E-6	7.18E-6	6.16E-5	5.57E-5
1∶3∶6	6.85E-6	5.31E-6	3.65E-5	1.68E-5
1∶4∶5	2.62E-6	12.6E-5	18.9E-5	26.9E-5

对二灰土的水稳性的研究表明[86]，虽然二灰土的无侧限抗压强度均随含水率的增大呈降低趋势，但饱和状态下二灰土的强度仍然很大，例如粉煤灰掺合比大于或等于 20％ 的二灰土饱和时的无侧限抗压强度仍大于 1MPa，可见二灰土的水稳定性较压实黄土和粉煤灰黄土的有显著改善。

7.5　土料对二灰土性质的影响

以上对二灰土的击实、强度和水理特性的研究均是石灰和粉煤灰对粉质黏土类黄土的改良，可以看出石灰和粉煤灰的掺入对黄土的工程性质有明显的改善，但查阅到的文献对二灰土的研究结论也有差异，甚至有不一致的结论，究其原因应该和二灰土的原材料有关，二灰土的性质不仅和配比、龄期等有关，原料本身的差异也会影响二灰土的性质。作者分别以粉土和粉质黏土为原土料进行二灰土的改良，研究结果显示了原土料对改良土的力学性质和水理性质均有不同程度的影响，故对两类黄土的改良效果进行分析比较，希望在黄土的改良实践中考虑原土料对改良效果的影响，根据工程需要选择适宜的配方。

7.5.1 粉土二灰土的抗剪强度

图 7-7 为粉土二灰土在竖向压力 $\sigma = 300\text{kPa}$ 下抗剪强度随着龄期增加的变化曲线。从图 7-7 中可以看出，抗剪强度随龄期变化的趋势与粉质黏土二灰土相似，早期、中期强度增长迅速，后期强度仍有缓慢增长，但程度较粉质黏土稍低，1：2：7 二灰土的最大抗剪强度约为素土的 1.6 倍。图 7-8 为 300kPa 下粉土二灰土抗剪强度的黏聚力、内摩擦角随龄期增加的变化曲线，变化规律与粉质黏土二灰土类似，黏聚力对抗剪强度的贡献较大，内摩擦角对抗剪强度的贡献较弱，区别在于 180d 时粉土二灰土内摩擦角发展到更高的程度，表明粉煤灰对粉土二灰土内摩擦角的改良作用较粉质黏土二灰土强。

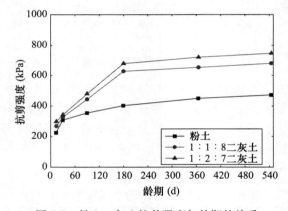

图 7-7　粉土二灰土抗剪强度与龄期的关系

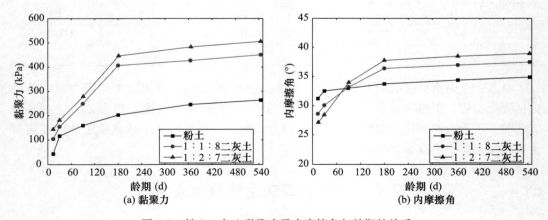

(a) 黏聚力　　　　　　　　　　(b) 内摩擦角

图 7-8　粉土二灰土黏聚力及内摩擦角与龄期的关系

7.5.2 粉土二灰土的渗透性

粉土二灰土的渗透性试验结果如图 7-9 所示。同样，渗透系数随着龄期的增长而大幅度减小，在 90d 之内变化幅度很大，之后的变化幅度逐渐减小；90d 时素土的渗透系数在 10^{-6}cm/s 数量级，粉土二灰土降低到 10^{-7}cm/s 数量级；180d 后三种土样的渗透系数均在 10^{-7}cm/s 数量级，但素土和 1：1：8 二灰土渗透系数明显大于 1：2：7 二灰土。

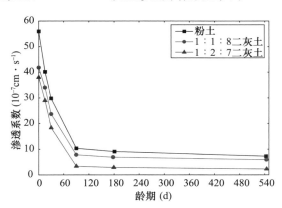

图 7-9　改良粉土的渗透系数与龄期的关系

7.5.3 粉质黏土二灰土与粉土二灰土的比较

石灰和粉煤灰对粉土和粉质黏土的改良效果有一定的差异，比较粉土和粉质黏土的二灰及灰土改良土的抗剪强度（图 7-10）可以看出，强度变化相对稳定（180d）之后，粉质黏土改良土各土样抗剪强度的大小位次为 1：2：7＞3：7＞1：1：8＞2：8＞素土，而粉土改良土抗剪强度次序却呈现 3：7＞1：2：7＞1：1：8＞2：8＞素土的规律，说明原土料对改良土的抗剪强度影响较大，可以看出，抗剪强度高的前两位均是高掺量土样（即 3：7 灰土和 1：2：7 二灰土），不同的是粉质黏土是 1：2：7 二灰土最终抗剪强度最大，而粉土则是 3：7 灰土的最终抗剪强度最大，并且粉质黏土改良土最终强度值大于粉土改良土，这个结论对黄土改良设计十分重要；另外，从龄期效应看，早期灰土强度高于二灰土，中期二灰土强度快速发展超越 2：8 灰土，这是石灰先与粉煤灰发挥作用造成的；灰土与二灰土分别在 90d、180d 时完成了强度的主要增长（为 360d 的 60%～80% 和 90%～95%），这也是二灰土早期强度低、中后期强度高的典型特点的表现，实际应用中应区别选择龄期标准。

从粉质黏土和粉土及其改良土的渗透性试验结果（图 7-11）可以看出，石灰和粉煤灰的掺入均能改善粉质黏土和粉土的渗透性，改善的幅度在 1～2 个数量级；1：2：7 二灰土的渗透系数变化最为明显，并于 90d 之后保持在最低水平；原土料的性质对改良土的渗透性影响更为主要，一方面 90d 时渗透系数最低的虽然都是 1：2：7 二灰土，但粉土 1：2：7 二灰土的渗透系数仍大于粉质黏土 3：7 灰土，另一方面龄期为 180d 时，粉土素土的渗透系数是粉质黏土素土的 2 倍左右，相对应的二灰土前者是后者的 3.8 倍左右，灰土则为 4.6 倍左右，说明石灰和粉煤灰的掺入对粉质黏土渗透性的改善更为有效，原土料的性质对灰土改良土的渗透性影响更为显著。

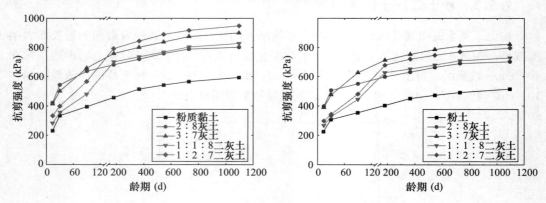

图 7-10　土料对改良土抗剪强度的影响

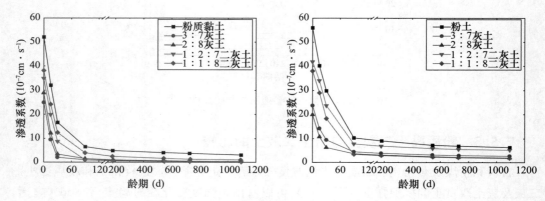

图 7-11　土料对改良土渗透系数的影响

从灰土和二灰土的抗剪强度和渗透性两方面的比较来看，粉质黏土更适合石灰和粉煤灰的改良，粉质黏土的 1：2：7 二灰土强度高，渗透性低，表现出良好的工程特性，可以替代传统灰土和素填土作为回填材料，经济又环保。石灰和粉煤灰对粉土的改良，仍然不及传统的灰土工程性质好，粉土更适合石灰的改良，3：7 灰土强度增幅大，并且渗透系数与 1：2：7 二灰土相差不多，能够满足一般工程需求。

7.6　二灰土微观结构

再从微观结构探究石灰、粉煤灰对黄土改良的本质，通过对二灰土的微观结构随龄期的变化分析，可以更加深入理解二灰土的强度、渗透性随龄期的变化规律。图 7-12 为 1：2：7 二灰土在不同龄期的 SEM 图片。早期二灰土中出现了少许带孔絮状胶质粘结，此胶状物的产生主要源于石灰中的活性成分 CaO、MgO、Ca（OH）$_2$ 与水、土中的碳酸盐发生胶凝反应，产生的 Ca^{2+} 与土颗粒周围的阳离子发生粒子交换，它们或包裹原有土颗粒形成较大的粗糙组合团粒，改善颗粒级配，使内摩擦角增大，或分布在土粒间使素土的点接触连接转变为面接触连接，提高黏聚力，故二灰土强度增加。但是观察整个结构孔隙形态，可见大孔隙均布，中小孔隙数量较多，粒间胶结物质虽已部分形成，但密度和胶结填充强度仍较低，孔隙连通性较好，故渗透系数虽有改善但数值仍较大。此外粉煤灰本身是由结晶体、玻璃体及少量未燃炭组成的一个混合体，多为光滑、疏松多孔且形状不规则的颗粒，其散落在土粒间，不但削弱了土粒间接触摩擦作用，同时也说明粉煤灰此时还未充分参加反应，改良效果主要由石灰发挥作用，这也对二灰土的早期强度和渗透性改善不利。

图 7-12　二灰土改良粉土微观结构随龄期变化 SEM 图片（×400）

　　进入中期，二灰土结构变化较大，既有前期反应产物硬化形成的片状粘结存在，又有团粒状的新产物出现，原因在于石灰消化后的氢氧化钙对粉煤灰的激发作用开始发挥，Ca（OH）$_2$ 扩散到粉煤灰颗粒表面，侵蚀其中的活性氧化物，生成水化物联结土颗粒。因此 90d 之后微观结构中几乎无可见裸露土颗粒，全部被胶结产物包裹覆盖，大部分粒间孔隙填充密封，孔隙数量减少、连通性变差，二灰土强度持续高速上升，渗透系数快速降低；当龄期到达 180d 时，二灰土细孔蜂窝状的致密结构形成，表明完成了强度、渗透性的主要改善。但是二灰土结构中仍有些许位置土粒间胶结填充略显不足，主要因为粉土黏粒含量较少，不利于粉煤灰活性的激发，且粉煤灰的颗粒组成近似为粉土，不利于级配改善，使得强度和渗透性改善略受限制。相反地可以推断粉质黏土则不同，其黏土颗粒含量较多，与石灰、粉煤灰等活性材料之间的离子交换、碳酸化作用、结晶作用以及火山灰作用更为活跃，粉煤灰颗粒也有利于混合料级配改善，故二灰土对其改良效果优于粉土。粉土、粉质黏土改良土的这种差异说明原状土性质对改良土的影响较大；龄期继续增加，微观结构仍有变化，带孔蜂窝结构逐渐消失，整体性增强，到 1090d 时整个 SEM 视野范围呈一整体，表明二灰土改良 180d 后仍有可观的强度及渗透性改善。

7.7　二灰土工程特性综述

　　综合上述二灰土的物理力学特性、水理特性以及掺量、龄期等因素对性质指标影响规律，二灰土的工程性质和应用控制原则有：

（1）二灰土是在灰土基础上发展起来的改良土，其不仅具有比压实黄土更加良好的力学性能、水理性能及稳定性能，而且较灰土的工程性质也有了很大的提升。二灰土具有自重轻、强度高、水稳性好、抗冲刷性好、造价低和施工性好的特性，特别是粉煤灰的综合利用有利于环境保护的发展，是具有很好的社会效益和经济效益的改良土。

（2）随着粉煤灰含量的增加，二灰土的最大干密度减小，最优含水率增大，击实曲线也由"尖锐"转变为"平缓"，最优含水率范围更宽，这有利于现场施工对含水率的控制；但含水率对二灰土的抗压强度特别是后期强度影响甚大，故工程中应当注重二灰土压实过程中含水率的控制。

（3）二灰土对抗压强度和抗剪强度改良的效果明显，一定量的粉煤灰掺入可以提高二灰土的抗压强度和抗剪强度，但掺量过多所带来的强度收益并不高。1∶2∶7二灰土的配比最接近最佳配比，比1∶1∶8强度大得多，同时与1∶3∶6相比很接近。建议工程中以1∶2∶7配比作为二灰土强度的最佳配比。

（4）二灰土具有较强的龄期效应，抗压强度随着龄期的增长而增大，中后期强度增加非常显著，特别是有一定掺量（20％～30％）的二灰土，180d后的强度发展潜力仍很大；龄期对抗剪强度的影响也比较大，龄期越长，强度越高；粉煤灰掺量越高，强度增长持续时间越长，一般180d以后增长才趋于缓慢。总之，早期强度低、中后期强度高、强度增长持续时间长是二灰土比较典型的特点，工程应用时应考虑早期强度低的影响；以常用的28d龄期评价二灰土的强度显然是不合理，建议按90d龄期评价二灰土的（抗压、抗剪）强度。

（5）随着粉煤灰掺量的增加，二灰土的渗透系数呈先下降后增大的趋势，即二灰土的渗透性也存在峰值，二灰土的防水性能最佳配比应在1∶2∶7、1∶3∶6之间，这与强度的最佳配比一致。

（6）黄土土料自身性质对二灰土效果影响很大，对比灰土和二灰土的抗剪强度和渗透性，粉质黏土更为适合石灰和粉煤灰的改良，粉质黏土的1∶2∶7二灰土强度高，渗透性低，表现出良好的工程特性，可以替代传统灰土和素填土作为回填材料，经济又环保；石灰和粉煤灰对粉土的改良，仍然不及传统的灰土的工程性质好，粉土更适合石灰的改良，3∶7灰土强度增幅大，并且渗透系数与1∶2∶7二灰土相差不多，能够满足一般工程需求。

7.8　二灰土的工程应用

粉煤灰的处理与利用自二十世纪八九十年代开始一直是环境工程与建筑工程领域的关注重点。我国目前对粉煤灰的利用主要集中在建筑与交通等领域，其中占到我国利用量的80％～90％的是将粉煤灰作为主要成分制成建筑材料或作为掺合料改良工程材料。二灰土是利用率最高的粉煤灰改良土，良好的力学性能、抗冻性和收缩性，使其不但成为优质的路基基层材料，也成为建筑工程中的地基处理和填方体的良好回填材料，同时在变废为宝、节能环保等方面也有很大贡献。

在我国高等级公路建设中，底基层主要使用石灰土、水泥土、二灰土三种半刚性材料。在高等级公路建设的早期，石灰土应用于底基层比较多，但随着科技水平发展和提高，对石灰土路用性能的认识也在逐步加深，其主要缺点是抗拉强度低、水稳性差、抗冲刷性差、收缩大，目前已很少应用于高等级公路底基层，二灰土、水泥土是目前我国高等级公路主要的底基层。自从沪宁高速公路、南京机场高速公路及有"生态、旅游、环保、景观"之称的宁杭高速公路使用二灰土作为底基层以来[87-88]，随着对二灰土性能的不断认识，目前已在高等级公路底基层中得到广泛使用，如京津唐、京石高速公路中也都有以二灰土作为路基底基层的应用。除了公路部门，铁路部门在路基病害的治理方面也大量应用了二灰土，如京九线及南浔路基基床改良试验研究工作，这些都是二灰土应用比较成功的例子。

建筑工程也是二灰土的主要应用行业，在地基处理中广泛应用。如某住宅楼采用二灰土垫层进行地基处理[89]，处理后大大提高了地基承载力，且与采用3：7灰土处理地基相比可以节约资金800多万元；二灰土作为桩孔填料进行地基处理也是主要用途[90]，如陕西西禹高速公路桥涵，采用挤密桩加固湿陷性黄土地基，桩孔土料为二灰土，经二灰土处理后复合地基承载力达到270kPa，加固效果显著。此外，二灰土也常用于处理湿陷性黄土，包括地基处理和防水隔水措施，用二灰土做地表垫层，可以防止地表水的入渗，避免湿陷下沉，还能利用二灰土的抗冲刷能力保持地表土的水稳性。

在二灰土的应用中需要注意的是，粉煤灰由于含有10％左右的CaO等碱性物质，遇水后由于碱性可溶物析出pH值可达10～12，同时粉煤灰中还含有一定量的微量有害元素，特别是其浸出液中有害元素溶出，有可能影响土壤与地下水。因而二灰土在填筑工程中的推广应用还需注意我国现行环境方面的要求。

8 石灰、粉煤灰和钢渣粉改良黄土

8.1 概述

黄土中掺入一定比例的石灰、粉煤灰和钢渣粉对黄土进行改良，黄土与石灰、粉煤灰、钢渣粉的混合料称之为二灰钢渣改良黄土，简称二灰钢渣土。

钢渣是在炼钢的过程中排出的一种固态非金属废弃物，钢渣中含有钙、硅、铁、镁和少量铝、锰、磷等化学元素，主要的矿物相为硅酸三钙、硅酸二钙、钙镁蔷薇辉石、钙镁橄榄石、铁铝酸钙、硅镁铁锰磷的氧化物，还含有一定量的游离氧化钙（f-CaO）和游离氧化镁（f-MgO）以及残留铁、氟磷灰石等。钢渣粉由大颗粒钢渣磨细后得到，是一种良好的水硬胶凝性材料，其中含有俗称"过烧硅酸盐水泥熟料"——以硅酸二钙和硅酸三钙为主要成分，在建筑工程中属于不可多得的优良材料。平均每生产 1t 钢铁就要产生 0.2t 的钢渣，随着我国钢铁工业的蓬勃发展，每年都要产生大量的钢渣，目前我国钢渣利用率很低。解决钢渣的综合利用问题已成为国内的重要研究课题。

钢渣中的 f-CaO 和 f-MgO 遇水后会发生消化反应，生成 Ca（OH）$_2$ 和 Mg（OH）$_2$，体积增大一倍多，这是造成钢渣不稳定的主要原因，严重制约了钢渣的应用。钢渣热焖是近年发展起来的一种新型的钢渣处理技术，其基本工艺为：将炼钢炉送出的红渣直接倒入渣罐，降温后（钢渣内部不夹液态渣）倾倒入焖渣罐，盖上罐盖并配以使用适当的喷水工艺；由于钢渣含有一定余热，大块钢渣在热焖罐内就会龟裂粉化自解，钢和渣自动分离。钢渣热焖处理工艺可通过钢渣的热能使水挥发成为水蒸气，钢渣中的 f-CaO、f-MgO 与水蒸气发生消化反应，大幅度降低 f-CaO 和 f-MgO 含量，提高钢渣的稳定性；同时使钢渣进一步粉化，粉化后粒度小于 10mm 的钢渣粉颗粒占 60％以上，提高了粉磨效率，降低了粉磨能耗，而其中水硬性矿物的活性不降低，保证了钢渣质量。工艺的改进使得钢渣粉广泛应用于工程建设具备了现实可行性，图 8-1 为热焖处理后的钢渣。

图 8-1 热焖处理后的钢渣

钢渣的研究始于钢铁工业蓬勃发展初期。1970 年美国矿渣协会指出：提高各种钢渣建筑作业中碱性骨料的用量，钢渣由于其性能的优异性应在交通、建筑等行业进行推广。2006 年，Pho H Y 等[91]对使用不同品质的转炉钢渣粉稳定细粒土进行了一系列研究，研究结果显示钢渣粉改良细粒土可提升强度及耐久性并具有较低的膨胀性。2008年，Singh S P 等[92]将水泥、粉煤灰、钢渣及土体四者混合配制，混合料能有效提升最大干密度及抗压强度，并在路面基层材料路用性能上凸显一定的优势。2011 年，Wang G[93]结合了高速公路上钢渣用于公路基层扩建工程的实例，分析得到钢渣应用在道路工程的几个关键评判指标，并初步做出关于钢渣工程应用的评价标准。国内钢渣改良土主要用于道路填料，针对二灰钢渣混合料的路用性能进行研究[94-98]，结果表明二灰钢渣混合料在强度、干缩性、抗冻性等方面具有一定的优势。利用石灰、粉煤灰和钢渣粉对黄土进行改良[99-100]，改良后黄土的力学性质和稳定性也有很大提高。除了试验研究，钢渣改良土已逐步应用于实际工程，如河南省叶舞高速[98]局部采用钢渣稳定土回填路基，其前期弯沉值可达到灰土的标准，强度基本满足设计要求；2001 年包哈线公路改建工程中的基层和垫层分别采用石灰、粉煤灰稳定钢渣和混合钢渣铺填，效果良好；甘肃省某一级公路[101]采用钢渣改良黄土路床，压实度、EVD 动态变形模量、弯沉值均满足高等级公路承载力的设计要求，表明钢渣改良黄土具有优异的承载力。钢渣主要以集料或者粉体形式应用于土体改良，近些年正逐步发展壮大。

传统二灰土作为岩土工程材料能够满足一定的强度和刚度要求，具有取材方便、造价低廉等特点，但也存在前期强度低，干缩大，抗渗性较弱等缺陷，可加入其他外加剂进一步改良优化。钢渣粉中含有硅酸二钙、硅酸三钙等活性成分，决定钢渣粉具有一定的胶凝性能。所以，采用钢渣粉、石灰、粉煤灰和黄土配制二灰钢渣土，具有技术可行性，并且可以实现多种废料的再利用。

用于工程的钢渣粉的要求[102-103]如下：

（1）钢渣粉的矿物成分主要取决于钢渣粉的碱度，当碱度大于 1.8 时，主要矿物有：硅酸二钙、硅酸三钙、铁酸钙、游离氧化钙等，钢渣粉的碱度越高，活性越大。故一般要求应用于二灰钢渣土的钢渣粉碱度宜大于 1.8。

（2）钢渣粉必须分解稳定，游离氧化钙含量应小于 3％。

（3）钢渣粉中金属铁含量不应大于 2％，不应含有其他杂质。

8.2　二灰钢渣土改良机理

石灰、粉煤灰和钢渣粉对黄土的改良主要通过多种反应形成的胶体物包裹土颗粒、胶结颗粒骨架、填充土体孔隙等，达到对黄土改性的目的。二灰钢渣土除了二灰土中的相关反应外，还发生着复杂的物理化学反应，主要从以下几个方面分析：

（1）钢渣粉的水化反应：钢渣粉中的硅酸二钙、硅酸三钙等与水发生化学反应，形成 CSH 凝胶类物质，该水化产物包裹联结颗粒、填充土孔隙。其主要的化学反应有：

$$2(3CaO \cdot SiO_2) + 6H_2O = 3Ca(OH)_2 + 3CaO \cdot 2SiO_2 \cdot 3H_2O$$

$$2(2CaO \cdot SiO_2) + 4H_2O = 3CaO \cdot 2SiO_2 \cdot 3H_2O + Ca(OH)_2$$

$$3CaO \cdot Al_2O_3 + 6H_2O = 3CaO \cdot Al_2O_3 \cdot 6H_2O$$

（2）结晶硬化作用：钢渣粉中 CaO、Fe_2O_3 晶体可以和土颗粒结合起来形成共晶体。

（3）机械激发钢渣粉活性：通过机械研磨，钢渣粉颗粒减小的同时产生晶体结构和表面物理化学性质的变化，使钢渣粉比表面积增大，内能和表面能增大，晶格能减小，产生晶格错位、缺陷、重结晶，钢渣粉表面形成易溶于水的非晶态结构，并且晶格尺寸减小保证钢渣粉中矿物与水的接触面积的增大，可加速水化反应[104]。

（4）碱性激发钢渣粉活性：钢渣粉玻璃体主要结构形成键分别以［SiO_4］四面体和［AlO_4］四面体或［AlO_6］配位多面体形式存在。对于［SiO_4］四面体而言，石灰掺入钢渣土后，会形成一定的碱性环境，从而产生化学反应，生成 $H_3SiO_4^-$。［AlO_4］和［AlO_6］解聚形成 $H_3AlO_4^{2-}$ 与 $Al(OH)_2^+$，进而与生成的 $H_3SiO_4^-$、Ca^{2+} 一起反应生成沸石类水化产物，详见下式。沸石类水化产物具有很高的强度与耐久性，其不断交织与连生，使水泥石网络结构逐渐形成与增强[105]。

$$H_3AlO_4^{2-} + H_3SiO_4^- + Ca^{2+} \longrightarrow kCaO \cdot lAl_2O_3 \cdot mSiO_2 \cdot nH_2O$$

$$Al(OH)_2^+ + H_3SiO_4^- + Ca^{2+} + OH^- \longrightarrow kCaO \cdot lAl_2O_3 \cdot mSiO_2 \cdot nH_2O$$

8.3　二灰钢渣土物理性质

8.3.1　压实性

定义 0.5：1：1：7.5 二灰钢渣土为 5％石灰、10％粉煤灰、10％钢渣粉、75％黄土的混合料，其他的类同。表 8-1 为击实试验的测试结果，二灰钢渣土的最大干密度小于素土，最优含水率大于素土，变化规律基本同灰土、二灰土保持一致。二灰钢渣土中石灰、粉煤灰占比较高，在击实中发挥控制作用，而且石灰、粉煤灰比重低于黄土，颗粒比表面积更大，故二灰钢渣土的最大干密度小于黄土，最优含水率大于黄土。钢渣粉的比重高于黄土，颗粒比表面积较石灰与粉煤灰小，所以 1：2：1：6 二灰钢渣土比 1：2：7 二灰土的最大干密度更大、最优含水率更小。因此钢渣粉的掺入有助于提升最大干密度、降低最优含水率。

表 8-1　最优含水率和最大干密度

编号	最优含水率（％）	最大干密度（g/cm³）
素土	15.4	1.74
1：2：7 二灰土	18.4	1.53
0.5：1：1：7.5 二灰钢渣土	16.7	1.7
0.5：1.5：1.5：6.5 二灰钢渣土	17.2	1.72
0.5：2：2：5.5 二灰钢渣土	17.5	1.73
1：1：1.5：6.5 二灰钢渣土	17.9	1.66
1：1.5：2：5.5 二灰钢渣土	18.3	1.68
1：2：1：6 二灰钢渣土	18.2	1.64
1.5：1：2：5.5 二灰钢渣土	18.9	1.65
1.5：1.5：1：6 二灰钢渣土	18.7	1.6
1.5：2：1.5：5 二灰钢渣土	19.2	1.62

8.3.2　收缩性

钢渣粉可以起到抑制收缩的作用。二灰钢渣土收缩的变化如图 8-2 所示，二灰钢渣土的线收缩率随着时间的增加而增大，1d 内快速增大，然后缓慢增大并逐步趋于稳定，说明 1d 内二灰钢渣土会失去大部分水分。二灰钢渣土的线缩率小于二灰土，且 1：1：2：6 二灰钢渣土的线缩率小于 1：1：1：7 二灰钢渣土，表明钢渣粉掺量越高则收缩变形越小，即钢渣粉可抑制收缩。图 8-3 为线缩率与含水率的关系，由图 8-3 可以看出，改良黄土含水率越大，线缩率越小。失水收缩的敏感性随着含水率的减小先降低后升高，曲线形态特征可以划分为线性快速收缩阶段、缓慢过渡收缩阶段、收缩稳定阶段。相对于二灰土，二灰钢渣土线性快速收缩阶段含水率跨度更小，而缓慢过渡收缩阶段含水率跨度更大，说明二灰钢渣土更早地进入失水收缩的不敏感性状态，且会更久地保持不敏感性，这对实际工程是有益的。

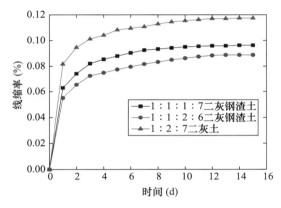

图 8-2　线缩率与时间的关系

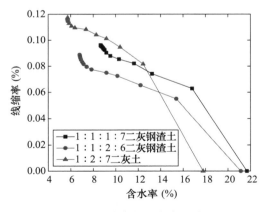

图 8-3　线缩率与含水率的关系

8.3.3　膨胀性

二灰钢渣土在不同的钢渣粉掺量下表现出不同的膨胀特性。单向浸水无荷载膨胀试验结果如图 8-4 所示，素土和二灰土的膨胀率较低，二灰钢渣土的膨胀率较高，且钢渣粉掺量越高，其膨胀率越高，但均低于 2%。这主要由于钢渣粉中极少数 f-CaO、f-MgO 的消化作用致使二灰钢渣土发生微膨胀。二灰钢渣土的膨胀率呈现增大和减小交替进行，但总体上保持增大趋势。原因在于二灰钢渣土由于土体毛细吸力发挥作用，吸收水分，与消化作用叠加，致使初期膨胀率较高。土体趋近饱和后，膨胀速率明显减缓，土体与外界进入水分交换的动态平衡阶段，该阶段膨胀率交替减小和增大，但从总体过程来看，土体膨胀率逐步增大。比较 10%、30% 和 50% 三种钢渣粉掺量的膨胀率，10% 掺量的二灰钢渣土初期和无钢渣掺量的素土、二灰土无明显差别，但在 180min 后突然增大；30% 和 50% 掺量的二灰钢渣土膨胀率基本相同，即 30%~50% 掺量之间，钢渣粉掺量对膨胀率并无明显影响。

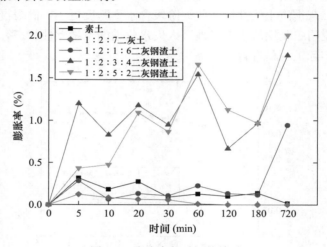

图 8-4　膨胀率与时间的关系

8.4　二灰钢渣土力学性质

以无侧限抗压强度为例介绍二灰钢渣土的力学性质。二灰钢渣土由四种材料混合而成，配比种类多，无法一一列出对比，所以依据均衡分散性、整齐可比性的原则，按照三因素（石灰、粉煤灰、钢渣粉）和三水平（石灰 5%、10%、15%；粉煤灰 10%、15%、20%；钢渣粉 10%、15%、20%）的正交试验设计配比，具体分组参数如表 8-2 所示，a 组为不同配比的二灰钢渣土，b1 为素土，b2 为 1:2:7 二灰土，b3 为 1:1:8 二灰土。

表 8-2　二灰钢渣土的各掺量配比

掺入料	掺量（%）											
	a1	a2	a3	a4	a5	a6	a7	a8	a9	b1	b2	b3
石灰	5	5	5	10	10	10	15	15	15	0	10	10
粉煤灰	10	15	20	10	15	20	10	15	20	0	20	10
钢渣粉	10	15	20	15	20	10	20	10	15	0	0	0
黄土	75	65	55	65	55	60	55	60	50	100	70	80

无侧限抗压强度与龄期、各组分掺量密切相关，如图 8-5 所示，二灰钢渣土的无侧限抗压强度高于素土和二灰土，且随着龄期增加，二灰钢渣土无侧限抗压强度持续增长，说明石灰、粉煤灰、钢渣粉对黄土强度的改良效果显著。二灰钢渣土中反应生成的凝胶、沸石类等物质的胶结性能较强，可以有效地联结土颗粒骨架，提高其整体的力学性能。二灰钢渣土也存在龄期效应，其中，a4 的无侧限抗压强度各龄期均很高；a3 的无侧限抗压强度 14d 以后增长较快，在 28d 达到最大值 2.01MPa，为素土的 8.7～11.2 倍。

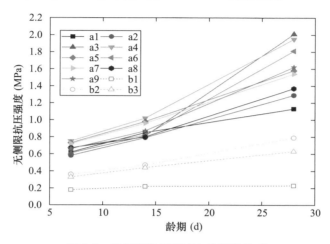

图 8-5　无侧限抗压强度与龄期的关系

对 7d 龄期二灰钢渣土的无侧限抗压强度进行极差分析，结果如表 8-3 所示，表中某一因素对应的 k 值表示该因素的水平固定及其他因素的水平变化的条件下，各试验数据的平均值，代表了该因素各水平对试验结果的影响效果。下标 1、2 和 3 为各因素（石灰、粉煤灰和钢渣粉）对应的水平（石灰 5%、10%、15%；粉煤灰 10%、15%、20%；钢渣粉 10%、15%、20%），如石灰一列的 k_1 值表示该正交试验中石灰配比为 5%（石灰的第一个掺量水平）时不同粉煤灰与钢渣粉配比样品的各无侧限抗压强度平均值。极差表示该因素对试验结果的影响程度。可以得出，各因素对无侧限抗压强度的影响为：石灰＞粉煤灰＞钢渣粉，通过分析试验结果影响效果的 k 值可以看出，二灰钢渣土的无侧限抗压强度在石灰 10% 最大，随着粉煤灰含量增加而减小，随着钢渣粉含量增加而增大。各因素的最佳水平为 10% 石灰（k_2）、10% 粉煤灰（k_1）、20% 钢渣粉（k_3），即 7d 龄期时 1∶1∶2∶6 二灰钢渣土无侧限抗压强度最大。

表 8-3　7d 龄期无侧限抗压强度极差分析

指标	因素		
	石灰	粉煤灰	钢渣粉
k_1	0.603	0.697	0.653
k_2	0.717	0.66	0.663
k_3	0.683	0.647	0.687
极差 $k_{max}—k_{min}$	0.114	0.05	0.034

　　类似地，对正交试验的 14d、28d 龄期二灰钢渣土的无侧限抗压强度进行极差分析可知，14d 龄期时，石灰起主导作用，对二灰钢渣土的无侧限抗压强度影响最大，同时石灰的掺量应控制在 10%，过大掺量会导致无侧限抗压强度下降，各因素的最佳水平为 1∶1∶2∶6 二灰钢渣土，其无侧限抗压强度最大；28d 龄期时，粉煤灰取代石灰成为主要影响因素，对二灰钢渣土的无侧限抗压强度影响逐渐变大，各因素的最佳水平为 1∶2∶2∶5 二灰钢渣土，其无侧限抗压强度最大。

　　由于这两种配比（1∶1∶2∶6 和 1∶2∶2∶5）的二灰钢渣土均未出现在正交试验中，通过室内试验测试得到：7d、14d 龄期 1∶1∶2∶6 二灰钢渣土无侧限抗压强度分别为 0.84MPa 和 1.21MPa，28d 龄期 1∶2∶2∶5 二灰钢渣土无侧限抗压强度为 2.44MPa，贴合正交试验的分析。7∼28d，二灰钢渣土的无侧限抗压强度均高于二灰土，其中 28d 龄期时二灰钢渣土的最大无侧限抗压强度是二灰土的两倍，所以 7∼28d 内钢渣粉的掺入有效提升了其无侧限抗压强度。若以 28d 为强度标准龄期，应选 1∶2∶2∶5 为二灰钢渣土的最优配合比。

8.5　二灰钢渣土水理性与水稳性

8.5.1　渗透性

　　二灰钢渣土的渗透性与龄期、钢渣粉掺量有关。渗透系数随着龄期的增加逐步减小（图 8-6），素土的渗透系数为 10^{-6} cm/s 级，二灰土的渗透系数略低于素土，28d 龄期时，二灰钢渣土渗透系数可低至 10^{-8} cm/s 级，且随钢渣粉掺量增加有微弱降低。与素土、二灰土相比，二灰钢渣土达到了优良防渗材料的级别，这是由于钢渣粉在二灰钢渣土渗透性方面发挥着决定性作用，反应生成的凝胶、沸石类等物质可以改善级配、填充孔隙等，致使二灰钢渣土更加致密，提高其防渗性。1∶1∶2∶6 二灰钢渣土的渗透系数略小于 1∶1∶1∶7 二灰钢渣土的，这说明钢渣粉的掺量对混合料的渗透性也具有一定影响。

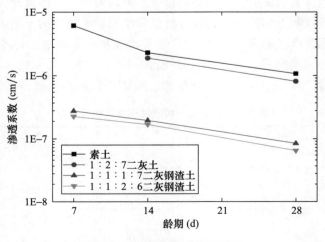

图 8-6　渗透系数与龄期的关系

8.5.2 抗软化性

除了力学和水理性质，评价二灰钢渣土还可采用抗软化性。养护 28d 龄期，二灰钢渣土形成一定强度，饱水后其无侧限抗压强度会衰减，如图 8-7、8-8 所示，无侧限抗压强度总体随着饱水时间增加先急剧后缓慢降低，1d 为快慢变化的分界点，也就是说，1d 时间试样基本达到饱和，导致后期试样饱和程度变化小，无侧限抗压强度变化很小。1～3d 内二灰钢渣土无侧限抗压强度出现小范围内的波动，主要由于吸水失水的交替进行。素土受饱水影响极大，二灰土次之，而二灰钢渣土受饱水影响较小，其水稳系数维持在 0.6～0.8，表明二灰钢渣土的抗软化性较强。饱水 1～10d 内，二灰钢渣土的水稳系数变化幅度较小，而二灰土变化幅度较大，反映钢渣粉的掺入利于快速发挥抗软化的作用。二灰钢渣土中反应生成的凝胶、沸石类等物质具有耐久性，可抵抗水力侵蚀，改善水稳性。10d 饱水时间下，各配比二灰钢渣土的水稳系数差距很小，所以，针对水稳性，10％钢渣粉掺量的二灰钢渣土就有很好的效果，钢渣粉掺量并非越大越好。

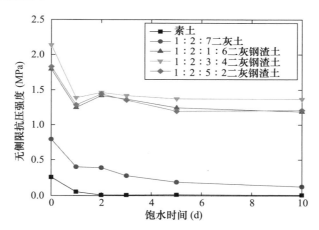

图 8-7 无侧限抗压强度与饱水时间的关系

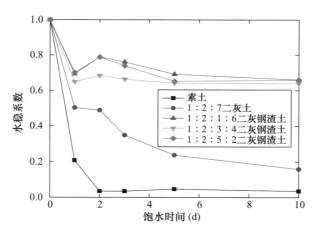

图 8-8 水稳系数与饱水时间的关系

8.5.3　抗干湿循环性

试样养护28d，干湿循环后其无侧限抗压强度会衰减，如图8-9、图8-10所示，2次干湿循环内，素土和二灰钢渣土无侧限抗压强度急剧降低，而2次干湿循环后缓慢降低，说明其无侧限抗压强度损失主要发生在前2次干湿循环内；二灰土随着干湿循环次数增加无侧限抗压强度会持续损失，呈现渐变态势。10次干湿循环下，无侧限抗压强度损失素土最大，二灰土次之，二灰钢渣土最小。二灰钢渣土中钢渣粉掺量越高，干湿循环后的无侧限抗压强度损失也越多。10次干湿循环下，随着钢渣粉掺量增加，无侧限抗压强度先微弱升高后降低，无侧限抗压强度损失不断增长，最高可达50%，劣化效应明显，说明过高的钢渣粉掺量抗干湿循环性反而减弱。

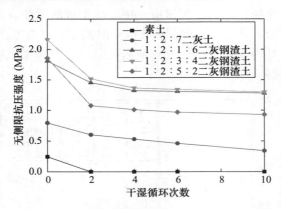

图8-9　无侧限抗压强度与干湿循环次数的关系

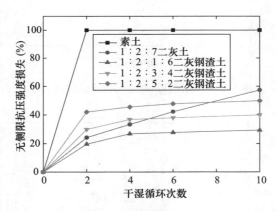

图8-10　无侧限抗压强度损失与饱水时间的关系

8.5.4　抗冻性

28d龄期下的二灰钢渣土冻融循环后，进行无侧限抗压强度测试，其结果如图8-11、8-12所示，无侧限抗压强度随着冻融循环次数增加会减小，减低幅度基本一致。素土的无侧限抗压强度损失超过30%，二灰土的超过20%，而二灰钢渣土的低于17%，表明二灰钢渣土的抗冻性显著优于素土、二灰土。二灰钢渣土的冻融循环后无侧限抗压强度损失随着钢渣粉掺量的增加而减小，在一定范围内，钢渣粉掺量越大则二灰钢渣土的抗冻性越强。

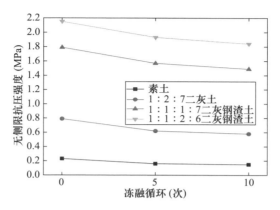

图 8-11 无侧限抗压强度与冻融循环的关系

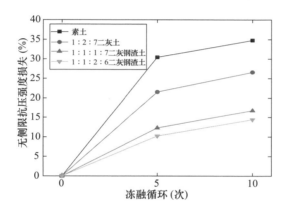

图 8-12 无侧限抗压强度损失与冻融循环的关系

8.6 二灰钢渣土工程特性综述

综合上述二灰钢渣土的物理性质、力学性质、水理性质、水稳性以及掺量、龄期等因素对性质指标影响规律，二灰钢渣土的工程性质和应用控制原则有：

（1）二灰钢渣土是在二灰土基础上发展起来的改良土，较二灰土的工程性质有了很大的提升。二灰钢渣土具有高强度、低渗透、水稳性好、造价低和施工性好的特性，且利用工业废料改良黄土符合国家政策，是值得推广应用的改良黄土。

（2）相较于素土，二灰钢渣土的最大干密度偏小，最优含水率偏大，其中石灰、粉煤灰在击实中发挥控制作用。钢渣粉可以起到抑制收缩的作用，会更早地进入失水收缩的不敏感状态，且会更久地保持不敏感性，这对实际工程是很有益的。二灰钢渣土的膨胀率低于2%，总体可控。

（3）二灰钢渣土无侧限抗压强度明显高于二灰土和素土，说明石灰、粉煤灰、钢渣粉对黄土强度的改良效果显著。二灰钢渣土具有龄期效应，无侧限抗压强度随着龄期的增加而增长，28d 龄期下已形成较高无侧限抗压强度。二灰钢渣土的无侧限抗压强度在 7d、14d 时石灰为主导，28d 时粉煤灰起控制作用。7d、14d 龄期 1∶1∶2∶6 二灰钢渣土的无侧限抗压强度最高，而 28d 龄期 1∶2∶2∶5 二灰钢渣土无侧限抗压强度最高。若以 28d 为强度标准龄期，应选 1∶2∶2∶5 为二灰钢渣土的最优配合比。

（4）二灰钢渣土的渗透性随着龄期的增加逐步减弱，28d 龄期下，渗透系数可达 10^{-8} cm/s 级，达到了优良防渗材料的级别，其中钢渣粉发挥着决定性作用。

（5）二灰钢渣土的水稳性有较大提升。饱水软化后，不同掺量的二灰钢渣土水稳系数十分接近；经历干湿循环后，钢渣粉掺量越高，二灰钢渣土劣化效应表现更为明显；而二灰钢渣土冻融循环后劣化性能随钢渣粉掺量增加会减弱。针对二灰钢渣土的不同水稳性表现，工程应用时应根据具体性能区别选用。

8.7　二灰钢渣土的工程应用

钢渣粉是一种优良的无机固化剂材料，在改良二灰土方面具有显著效果，可同时改善黄土的物理性质、力学性质、水理性和水稳性，而且在一定范围内钢渣粉的掺量会直接影响改良效果。28d 龄期 1∶2∶2∶5 二灰钢渣土无侧限抗压强度最大；二灰钢渣土渗透系数可达 10^{-8} cm/s 级，具有非常优良的防渗性能；经过饱水、干湿循环、冻融循环后二灰钢渣土的无侧限抗压强度损失可低于 17%～40%，水稳性较好。所以，二灰钢渣土是一种强度高、渗透性低，且具有一定耐久性的岩土工程材料，适用于高等级公路和一级公路的基层。现场施工工艺同灰土、二灰土基本一致。尽管钢渣热焖技术的兴起可以大幅度降低游离氧化钙，但二灰钢渣土依然存在一定的微膨胀性，对于膨胀敏感的工程还需谨慎使用。目前，二灰钢渣土在国内还处在研究阶段，工程应用较少。总之，二灰钢渣土优势明显，且利用工业废料改良黄土符合发展方向，值得深入研究、推广应用。

9 膨润土改良黄土

9.1 概述

黄土中掺入一定比例的膨润土对黄土进行改良，形成的混合土料称之为膨润土改良土。膨润土是以蒙脱石为主要成分的黏土矿物材料，其片状矿物颗粒为黏粒（粒径≤0.005mm），能够有效填充土颗粒之间的空隙，改善混合土的级配和矿物成分，从而使密实度得以提高；同时膨润土遇水后会剧烈膨胀，进一步占据土中空间，减小粒间空隙，降低渗透性。膨润土主要用于对黄土渗透性的改善，利用膨润土的特殊性质，可以提高混合料的黏粒含量，增强亲水性和吸附性，更利于降低土体的渗透系数，改善膨润土改良土的水理性。

国外对膨润土改良土的研究开始较早，1940年美国以土-膨润土泥浆拌和作为回填料，采用泥浆槽方式的施工方法修建防渗墙[106]，以开挖出的土料与膨润土或膨润土泥浆混合作为回填材料搅拌均匀后，用推土机或抓斗将回填材料注入槽孔而形成连续的墙体。土料拌和膨润土的改良土作为防渗墙体材料，其渗透性取决于回填土料的级配和膨润土的含量，土料渗透性能越低，膨润土含量越高，土-膨润土泥浆回填料的渗透性也越低。近数十年国内进行了膨润土改良不同类型土的多方面研究，研究内容主要集中在防渗的水理性、隔离污染物的吸附性以及提高强度的力学性等工程性质。张虎元等[107-108]、Chapuis R P等[109-110]先后以膨润土为土体的改良材料，研究了膨润土改良土的渗透系数、非饱和导水率等渗透性能，均认为膨润土可以有效改良土体的渗透性，从理论与试验角度证实了此种改良材料应用于工程实践的可行性。文献[111]研究了分别在华北黄土和华南红土中加入一定量的膨润土所形成混合土的力学性质，结果表明膨润土含量为6%～7%时，抗压强度最大，超过此掺量混合土的抗压强度开始降低。对膨润土改良黄土防渗衬里性能的研究[112~114]也表明，在最大干密度和最优含水率下，随着膨润土含量的增加，膨润土改良土的渗透系数逐渐降低。膨润土掺量对渗透性影响较大[115]，当膨润土掺量大于4%时，改良土渗透系数开始大幅度降低，当膨润土的掺量大于12%时，渗透系数的降低变得缓慢，膨润土改良土的渗透系数最小可降至10^{-7}cm/s。

膨润土改良黄土的机理是改善其颗粒级配和孔隙结构，因此对改善黄土的渗透性有显著效果。针对膨润土改良黄土的渗透性研究较多，但膨润土的吸水膨胀是否会影响改良土的强度特性，也是广大学者和工程技术人员关心的问题，郗玥颖[116]等认为压实度、饱和度和膨润土掺量为强度的影响因素，并以此为变量研究了膨润土改良黄土的强度特性，试验结果表明利用膨润土改善黄土的渗透性，不会对黄土强度产生明显的不利影响；王宝仲等[117]认为膨润土改善黄土渗透性的同时对其力学性能也有一定的改良作用；高梦娜等[118]提出若要膨润土有效改良黄土强度，还需要增添石灰等胶凝材料，利用膨润土和石灰的同时对黄土进行改良，通过连接强度和孔隙结构两方面的改善以有效提高黄土强度。总之，大量研究表明，膨润土改良黄土的抗压性能与防渗性可以同时得以优化，膨润土掺入量为 6%～7%时，膨润土改良土抗压强度最大，渗透系数也能达到 9×10^{-8} cm/s。尽管较大的膨润土掺量对改良渗透性效果更好，但掺量过大对膨润土改良土力学性能的影响及其作用效果的研究还有待于进一步深入。

膨润土改良土主要作为防渗材料应用在国内水利坝体、堤坝等工程以及城市垃圾卫生填埋的库区防渗衬里等方面。除此之外，在管沟回填、地表防渗垫层等方向的应用也正在逐步发展。随着西部黄土梁峁、沟谷填挖场地的大范围工程建设开展，具备优良防渗性能的建筑材料需求日益高涨，膨润土改良黄土的研究和应用也方兴未艾。

9.2　膨润土改良土改良机理

膨润土是以蒙脱石为主要成分的硅铝酸盐[119-120]，蒙脱石由两个硅氧四面体中夹一个 Al（Mg）O（HO）八面体组成，具有三层晶胞结构，属于 2∶1 型的结构单位层。如图 9-1 所示，这种排列方式在侧向和横向是连续不断的，在竖直方向则是一层一层地堆积起来，层与层之间的联结由范德华力和阳离子引起的静电引力所提供，容易因吸收水分或其他极性液体而产生破坏。当蒙脱石晶胞之间所吸附的水分子过多时，相邻的晶层将因失去连结力而形成更小的颗粒，从而表现出膨胀等特性，并且阻塞过水通道，延缓渗流。

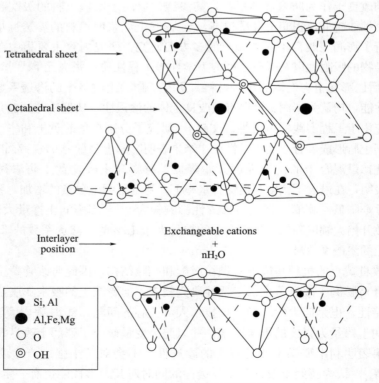

图 9-1　蒙脱石结构示意图[119]

利用膨润土改良黄土，正是基于改变土的三相组成及各相相互作用来降低土的渗透性。黄土的主要颗粒为粉粒（0.075mm≥粒径＞0.005mm），而膨润土片状矿物颗粒为黏粒，加入黄土后可以有效地改善混合土的级配和矿物成分，黏粒充填于黄土粉粒的孔隙中，形成新的三相体系，可以认为膨润土改良黄土是由两种不同粒径和矿物成分的土料组成的混合土工材料。

如前所述，膨润土的黏土矿物主要为蒙脱石，颗粒中的黏粒含量高，能够有效填充黄土颗粒之间的空隙，改良黄土的颗粒级配，从而使击实土干密度得以提高。区别于石灰、水泥和粉煤灰改良黄土时发生的硬化化学反应[121-123]，膨润土遇水发生的是物理膨胀反应，可以进一步减小黄土孔隙，且膨润土的厚结合水膜降低了击实过程中黄土颗粒的移动阻力，使得土颗粒更易于相互靠近。同时，膨润土遇水膨胀后不会在短时间内硬化，击实前不会阻碍土的压密过程。膨润土改良黄土良好的击实性能保证了混合土的压实度，这为降低混合土的渗透性，改善强度特性奠定了基础。

此外，膨润土自身渗透系数极低，遇水易膨胀的特性还可进一步充填黄土颗粒间孔隙，阻塞孔隙水的流动，因而可以有效降低改良黄土的渗透性。

9.3 膨润土改良土物理力学性质

9.3.1 界限含水率

膨润土中黏土矿物主要为蒙脱石，颗粒以黏粒为主。蒙脱石含量高、粒度小为质量好的膨润土，其液限大于200％，如高庙子或新疆184团的膨润土，蒙脱石含量均大于65％。黄土土料液限一般小于30％，颗粒组成以粉粒为主。

膨润土掺入黄土土料中，膨润土改良土的黏粒含量增加，粉粒含量减小，同时改良土矿物成分数量也发生变化，这使得膨润土改良土的界限含水率及塑性指数随膨润土掺量增加而增大。膨润土改良土的液限及塑性指数与膨润土掺量的关系如图9-2所示。

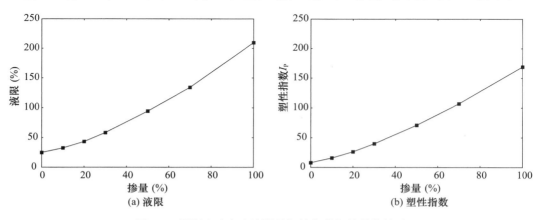

图 9-2　膨润土改良土液限及塑性指数与掺量的关系

膨润土改良土中的黏粒含量随掺量增加而增加，比表面积增加，颗粒之间的吸引力增强，使改良土的液限增加。同时，改良土矿物成分的各自占比发生变化，伊利石、高岭石的活性指数较低，其吸附结合水的能力低，蒙脱石的活性指数较高，吸附结合水的能力强。膨润土的掺入使得黄土中黏土矿物高岭石与伊利石的相对含量减少，同时蒙脱石的含量增加，膨润土改良土吸附结合水的能力增强，液限随之增加明显。另一方面，掺入膨润土后，黏粒含量的增加与比表面积的增大使结合水含量增多，蒙脱石含量的增加使得改良土中的一部分自由水转变为具有类似固体性质的结合水，使得结合水的含量进一步增加，结合水的含量越高，土处于可塑状态的含水率范围也越大，因而膨润土改良土塑性指数增加。

9.3.2 压实性

膨润土掺入黄土土料中，改善了黄土的级配，使得改良土的压实性也有较大的改良。蒙脱石含量大于 70% 的高质量膨润土掺入黄土，膨润土掺量与最大干密度关系曲线如图 9-3 所示。由图 9-3 可以看出，膨润土改良土的最大干密度存在峰值，即随着膨润土掺量的增加，最大干密度呈先增大后减小的态势，在掺入比例为 4%～6% 时，改良土最大干密度达到最大值。当掺量小于 4% 时，掺量对最大干密度的影响明显，4% 掺量的最大干密度较黄土增大了 0.05g/cm³；当掺量超过 6% 以后，掺量对最大干密度的影响减弱，掺量由 6% 增加到 12%，干密度仅下降约 0.02g/cm³。

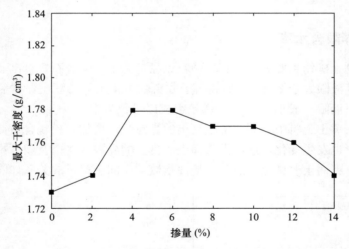

图 9-3　最大干密度随膨润土掺量的变化关系

膨润土黏粒能够有效地充填于黄土粉粒所形成的架空大孔隙中，减小膨润土改良土的孔隙体积，同时膨润土遇水不会快速硬化形成较硬的土体骨架，不阻碍土的进一步压实，相反膨润土吸附性较强，可以在颗粒表面形成较厚的结合水膜，这些水膜充填于黄土颗粒之间，在土的压实过程中起到了润滑作用，使土颗粒更易于相互靠近，提高了改良土的击实干密度，这使得膨润土改良土最大干密度随着膨润土掺量的增加而快速增大。当膨润土黏粒几乎已将黄土的孔隙完全充填，此时改良土的干密度达到最大值；再继续增大膨润土的掺量，则多余的黏粒需要占据新的空间，且膨润土黏粒比重小于黄土粉粒，将使得土样体积增加，同时膨润土黏粒易吸水膨胀，进一步增大了击实土样体积，这些因素都导致掺量超过一定限度后，改良土的干密度呈现出缓慢降低的趋势。

　　膨润土影响改良土最大干密度的主要作用是黏粒充填，而黏粒和粉粒的相对含量是控制土料最大干密度的主要因素。图 9-4 为两种不同土质黄土的膨润土改良土的最大干密度与掺量的变化关系，兰州和榆林两个地区黄土都属于粉土系列，其中砂粒、粉粒总含量大于 70～80%，黏粒含量极少，但是榆林黄土 0.075～0.25mm 的砂粒含量约为兰州黄土的 6 倍。由于各粒组相对含量不同，两种黄土的最大干密度存在较大差异，榆林黄土的最大干密度为 1.82g/cm³，而兰州黄土的最大干密度为 1.73g/cm³。尽管两者黄土的最大干密度不同，但随膨润土掺量的变化呈现出一致的演变规律，提升幅度大致相同，这说明对于黏粒含量极少、颗粒接触为架空孔隙的黄土，膨润土主要以黏粒充填的物理作用影响黄土最大干密度，改善击实性能，而不会由黄土的初始级配不同引入复杂的物化反应，产生本质上的改变。

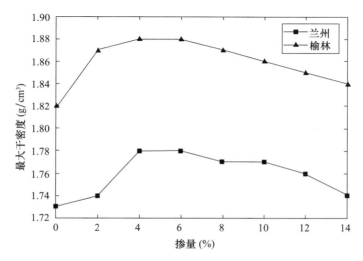

图 9-4　膨润土掺量与最大干密度关系[115]

9.3.3　无侧限抗压强度

　　膨润土的掺入能够提高黄土的无侧限抗压强度。膨润土改良土的改良作用一方面是改善土体不良的孔隙结构，改善压实性能，使土体的结构更加密实；另一方面是膨润土具有吸水膨胀的特性，可以进一步充填土体孔隙，使改良黄土的孔隙明显减小，同时黏土矿物吸水形成絮凝状胶结贴于黄土颗粒表面和孔隙之间，能够在一定程度上增强土颗粒之间的连接强度。膨润土掺量与改良土抗压强度变化关系如图 9-5 所示，由图 9-5 可以看出，膨润土改良土的抗压强度与最大干密度存在正相关关系，抗压强度随着膨润土掺量的增加呈先增大后减小的变化规律，在膨润土掺入 6% 左右抗压强度达到最大值，最大值约为黄土抗压强度的 1.4 倍。由此可见，膨润土的掺入可以提高黄土的抗压强度，但提升有限，因为膨润土的改良作用以黏粒充填为主，不能十分有效地增强颗粒间的连接强度。文献[118]的研究也说明增添胶凝材料是提高改良黄土强度的有效方式，膨润土＋石灰对黄土进行改良，强度可提高约 4 倍。

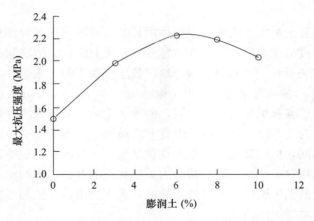

图 9-5　抗压强度随膨润土掺入量的关系[111]

9.3.4　抗拉强度

　　黄土的低抗拉强度对边坡、地基回填等工程安全有一定影响，为此王宝仲[117]等研究了膨润土对黄土抗拉强度的改良作用。如图 9-6 所示，不同含水率和干密度条件下，膨润土改良土单轴抗拉强度随膨润土掺量变化的试验结果显示，随着膨润土掺量的增加，改良土单轴抗拉强度的变化呈先上升后下降的趋势；无论改良土的含水率和干密度状态如何，膨润土掺量对单轴抗拉强度均有一定影响，且单轴抗拉强度均在膨润土掺量为 60g/kg（6％掺量）时达到最大；膨润土掺量超过 60g/kg（6％掺量）后，单轴抗拉强度均有所降低，说明黄土中掺入膨润土能够提高单轴抗拉强度，但存在最佳掺量值，掺量过大则会使其单轴抗拉强度降低。这是由于膨润土具有较强的亲水性，当黄土中的部分自由水被吸收，界面张力增大，黏聚力增加，从而提高了黄土的单轴抗拉强度。但是当膨润土掺量过大时，部分黄土中的自由水全部被膨润土所吸收，界面张力减小，黏聚力降低，黄土的单轴抗拉强度随之降低。

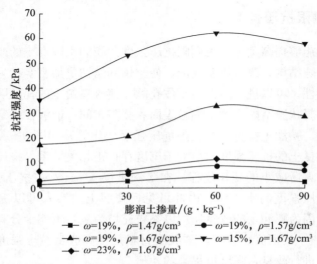

图 9-6　膨润土掺量与单轴抗拉强度的关系[117]

9.3.5 抗剪强度

图 9-7 为膨润土改良土黏聚力随膨润土掺量的变化，膨润土改良土的黏聚力随膨润土掺量的增加先增大后减小，黏聚力在膨润土掺量为 6% 时达到最大，最大值约为黄土黏聚力的 1.5 倍，这与膨润土改良土的抗压强度的发展规律一致。膨润土对黄土内摩擦角改良效果的研究结论并不完全一致，有的认为随掺量的增加呈先缓慢增长后（＞5%）有较大幅度的降低[10]；也有研究认为内摩擦角随掺量呈持续下降态势[124]。较为统一的看法是膨润土的掺入可以提高黄土的抗剪强度，但提升有限。

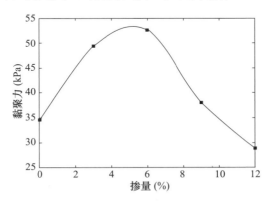

图 9-7　膨润土改良土黏聚力与掺量的关系[124]

从膨润土改良土的抗压、抗拉、抗剪强度与掺量关系的分析中可以发现，膨润土对黄土强度有所改善，但提高的程度有限；膨润土改良土强度存在峰值，而各强度峰值对应的掺量一般为 5%～6%，掺量过大会使强度降低。

9.4　膨润土改良土渗透性

膨润土是一种以蒙脱石为主要成分的黏土矿物材料，主要粒度为 0.002～0.01mm，高品质膨润土主要粒度＜0.002mm，具有吸湿膨胀、低渗透和高吸附的特性，因而是改良天然土渗透性的优质材料。膨润土掺入黄土中可以提高黄土的黏粒含量，增强亲水性和吸附性；膨润土通过充填黄土空隙，减小和减少了改良土土体孔隙，且吸水膨胀又使改良土的孔隙进一步减小，有效降低了土的渗透性。多项研究从理论角度证实了膨润土对黄土渗透性改良的可行性。

图 9-8 为膨润土改良土的渗透系数与掺量的关系[107]，由图 9-8 可以看出，当膨润土掺入量小时，渗透系数基本没有变化，与黄土渗透系数处于同一数量级，且数值相差不大；当膨润土掺量大于 4% 时，改良土渗透系数开始大幅度降低；膨润土的掺入量大于 12% 时，渗透系数的降低变得缓慢，当膨润土的掺入量达到 14% 时，改良土的渗透系数降至 10^{-7}cm/s。这表明在膨润土对土体渗透性的改良与掺量关系很大，掺入量较小时改良土的渗透系数没有明显变化，只有当膨润土掺入量超过一定量时，改良土的渗透系数会有大幅度明显降低。同时，超过较高掺量之后，改良土渗透系数的降低趋于缓慢，再加大掺量改良效率会降低。

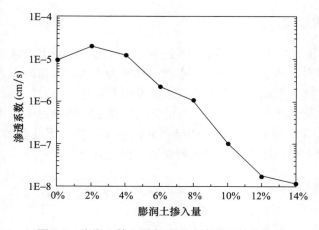

图 9-8　膨润土掺入量与改良土渗透系数的关系

　　土体内部孔隙的大小、形状及其连通性，对土体的渗透性有着决定性的影响，文献[125]从改良土的孔隙特征分析了膨润土对黄土渗透性改良的实质及其规律。土体中的孔隙一般分为大孔隙、中孔隙、小孔隙和微孔隙，而渗流主要是通过土体内部相对较大的孔隙来实现的。随着膨润土掺量的增加，蒙脱石等黏土矿物不断地充填到孔隙中，土中大孔隙逐渐减少的同时，大孔隙被分割成数量更多的直径相对较小的中、小孔隙。由图 9-9 可以看出，随着膨润土掺量的增大，改良土的大孔隙和总孔隙的平均面积明显减小，大孔隙被充填或阻隔成中、小孔隙，从而阻滞了渗流液体的通过，这是改良土渗透系数降低的主要原因。另外，由于膨润土颗粒粒径与黄土内部大孔隙直径存在巨大差异，较小掺量的膨润土颗粒只能分散地充填于黄土颗粒孔隙中，虽能使大孔隙面积减小，但并不足以使孔隙的连通性降低，且分散于内部孔隙的膨润土颗粒在渗流压力的作用下会被水冲走，因此土体的渗透系数变化不大。当膨润土掺量超过一定值时，随着掺量的不断增加，土体内部的孔隙才能越来越多地被膨润土颗粒充填，有效阻滞粒间孔隙的贯通性，同时膨润土吸水膨胀又进一步阻塞孔隙贯通，形成了一定的堵塞效应，减小了水流通过的速率，降低改良黄土的渗透性。

　　土质也是影响膨润土改良黄土渗透性的主要因素，膨润土对黄土渗透性的改良效果显著，但土质的不同导致改良后土的渗透性也有所差异。图 9-10 为兰州和榆林的两种代表性黄土的渗透性膨润土改良试验结果，两种黄土颗粒大于 0.01mm 的颗粒组占比都大于 70%～80%，黏粒含量少，兰州黄土的黏粒含量明显高于榆林黄土；而榆林黄土的砂粒含量高于兰州黄土，且最大砂粒粒径大。兰州黄土粒径主要集中在 0.05～0.01mm 之间的粉粒粒组（占总量的 75% 以上），可认为是小颗粒黄土；榆林黄土粒径分布则相对分散一些，砂粒粒组含量高，可认为是大颗粒黄土。因此，兰州黄土的渗透系数略小于榆林黄土。由图 9-10 可以看出，当膨润土掺量小于 8% 时，两种黄土的改良效果一致，即掺量小于 4% 时，渗透系数无明显变化，4%～8% 掺量之间渗透系数随掺量的增加而减小，当膨润土掺量大于 8% 时，两种改良黄土的渗透系数变化趋势出现差异，兰州改良黄土的渗透系数趋于平缓，渗透系数最低为 6.5×10^{-8} cm/s；而榆林改良黄土渗透系数随着掺量的增加持续降低，渗透系数反而低于兰州黄土，直到 12% 掺量后下降趋势才趋于缓慢，最终渗透系数为 1.1×10^{-8} cm/s。由此可知，膨润土对大颗粒黄土渗透性的改良效果要比小颗粒黄土好，前提是有足够的膨润土掺量；同时，掺量对渗透系数的降低也有上限，兰州改良黄土掺量大于 8％时渗透系数趋于平缓，而榆林改良黄土掺量大于 12％时渗透系数才趋于平缓，可见，大颗粒黄土达到最佳改良效果需要的掺量大于小颗粒黄土。

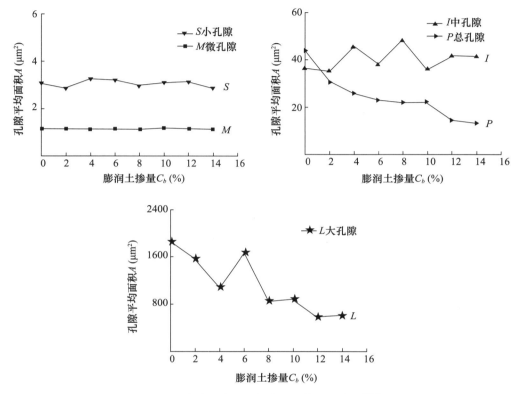

图 9-9　孔隙平均面积与膨润土掺量的关系[125]

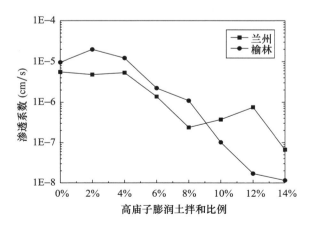

图 9-10　改良土渗透系数随膨润土掺入量变化[107]

　　另一种平谷黄土，为粉粒占 13％、黏粒含量占 17％的黏性黄土，其改良土渗透系数随膨润土掺量的变化如图 9-11 所示。当膨润土掺量较低时，随着掺量的增加渗透系数下降很快，但当掺量超过 6％时，渗透系数无明显变化，最小渗透系数为 9×10^{-8} cm/s。由此可知，对于有一定黏粒含量的黄土，没有膨润土颗粒填充黄土大孔隙而渗透系数无明显变化的阶段，掺入少量膨润土即能引起渗透系数的降低，同时，达到渗透系数不再降低的稳定阶段所需的膨润土临界掺量也相应降低，但是最终改良土能够达到的最低渗透系数也相应的要大一些。

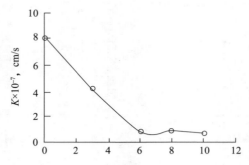

图 9-11　改良土渗透系数随膨润土掺入量变化[111]

　　黄土土质对膨润土改良渗透性的效果影响显著，对大颗粒土黄土渗透性的改良效果要比小颗粒黄土好，同时，大颗粒黄土渗透性改良需要的膨润土的掺量也要大于小颗粒黄土，当膨润土掺量达不到一定的需求量时，大颗粒黄土渗透性的改良效果不一定比小颗粒黄土好；超过一定掺量后，改良土渗透系数降低趋于缓慢，大颗粒黄土达到渗透系数缓慢降低阶段所需的膨润土临界掺量也相应大于小颗粒黄土；大颗粒黄土改良土最终可达到的最低渗透系数也比大颗粒黄土改良土小。另外，级配好的黄土渗透性改良效果要比级配差的黄土更明显，这可从土的颗粒级配是如何影响渗透性方面得到解释。

9.5　膨润土改良土微观结构

　　从微观角度分析膨润土改良黄土的结构随膨润土掺量的变化情况，可以更好地理解利用膨润土改良黄土的本质。图 9-12 为不同掺量的膨润土改良土的 SEM 图片。图 9-12 (a) 为兰州黄土的微结构 SEM 图片，可以看出压实黄土的土颗粒（或集粒）外形上表现为不规则的块状和粒状，轮廓明显、表面较为洁净，接触处几乎无矿物胶结，颗粒大小差异明显，相互之间散乱搭接堆叠，形成了大小不等的架空孔隙，且孔隙连通性好，因此渗透性较大。图 9-12 (b) ～ (e) 为 2％～14％掺量的改良土微观结构 SEM 图片，加入膨润土后改良黄土的颗粒相互靠近，排列更加紧密，孔隙率减小，颗粒表面附着大量絮状的黏土矿物，随着膨润土掺量的增加，絮状黏土矿物包裹黄土颗粒并充填于颗粒孔隙之间，使改良黄土的孔隙体积明显减小，数量减少，这极大地降低了孔隙之间的连通性，使得改良土的渗透性逐步降低。膨润土添加量很少时，尽管黄土颗粒表面出现絮状矿物，但它们并不能有效填充颗粒之间的孔隙，因此较低掺量的膨润土对改良黄土渗透性的降低效果不明显。

(a) 黄土 (×500) SEM 图片   (b) 2%掺量 (×500) SEM图片   (c) 6%掺量 (×500) SEM图片

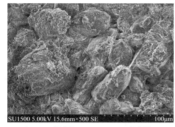

(d) 10%掺量 (×500) SEM图片   (e) 14%掺量 (×500) SEM图片

图 9-12　不同掺量的膨润土改良土微结构 SEM 图片[115]

　　图 9-13 为膨润土改良土渗透前、后的微观结构特征 SEM 图片，可以看出，当膨润土掺量较少时（2％掺量），渗透后土颗粒的表面较渗透前更加洁净，这也印证了 9.3.5 节膨润土掺量对改良土渗透系数影响的相关结论，即分散于内部孔隙的膨润土颗粒在渗流压力的作用下会被水冲走，因此不会使土体的渗透系数产生较大变化。随着膨润土掺量的不断增加，黏土矿物吸水形成絮凝状胶结物质附着于黄土颗粒表面和孔隙之间，使改良黄土的孔隙率明显减小，有效阻滞了粒间孔隙的贯通性，改良土的渗透性大大减小。

(a) 2%掺量 (×500) 渗透前SEM图片   (b) 2%掺量 (×500) 渗透后SEM图片

(c) 10%掺量 (×500) 渗透前SEM图片   (d) 10%掺量 (×500) 渗透后SEM图片

图 9-13　膨润土改良土渗透前、后微结构形态[115]

9.6 膨润土改良土工程特性综述

综合上述膨润土改良土的基本物理力学特性、渗透性等改良指标以及掺量、土质等因素对性质指标的影响规律，膨润土改良土的工程性质和应用控制原则有：

（1）膨润土是以蒙脱石为主要成分的土工材料，将其掺入黄土后可以提高黄土的黏粒含量，增强亲水性和吸附性，有助于降低土体的渗透系数。因此，膨润土是理想的改良黄土渗透性的天然材料，改良后的黄土具有较低的渗透性，可以作为工程防渗材料。同时，膨润土的掺入对黄土的力学性质也有所改善。

（2）膨润土掺量对改良土的最大干密度影响较大，膨润土改良土的最大干密度随掺量增加呈先增大后减小的态势，在掺量为 6% 左右时达到最大值。膨润土改良土的抗压、抗拉、抗剪强度随掺量的变化规律同最大干密度基本一致，且各强度峰值对应的掺量均为 5%～6%，但膨润土改良土强度提高的程度有限。

（3）掺量对膨润土改良土的渗透性影响明显，掺量较小时改良土的渗透系数没有明显变化，只有当膨润土掺量超过一定量时，改良土的渗透系数才会有大幅度明显降低；同时，掺量超过一定临界值后改良土渗透系数的降低趋于缓慢，再加大掺量改良效率会降低。

（4）黄土土质对膨润土增强渗透性效果的影响显著，对大颗粒黄土渗透性的降低效果要比小颗粒黄土好，同时，大颗粒黄土渗透性改良需要的膨润土掺量一般在 12%，大于小颗粒黄土渗透性改良需要的膨润土掺量（6%～8%），当膨润土掺量达不到要求值时，大颗粒黄土渗透性的改良效果不一定比小颗粒黄土好；超过一定掺量临界值后，改良土渗透系数不再会有明显降低，大颗粒黄土达到渗透系数稳定所需的临界掺量也相应大于小颗粒黄土；大颗粒黄土改良土最终可达到的最低渗透系数也比大颗粒黄土改良土小。

（5）利用膨润土有效改善黄土抗渗性能所需的掺量较大，一般在 8%～12%；但膨润土改良土强度峰值对应的掺量一般为 5%～6%，过多掺量会使强度降低。在膨润土用于改善黄土抗渗性时，应综合考虑工程对膨润土改良土强度的要求，选择适宜配比。

9.7 膨润土改良土的工程应用

膨润土的加入改变了黄土的级配与矿物组成，促使改良土的颗粒组成、液塑限、结合水含量、孔隙率和比重等物理性质指标发生变化，改善了击实性能，密实度有了进一步增加的潜力，同时由于膨润土的细粒填充和遇水膨胀等特性，进而改变了改良黄土的渗透性。

黄土中掺入膨润土可以使黄土的粒间孔隙被膨润土颗粒充填，有效降低粒间孔隙的贯通性，同时膨润土吸水形成的表面厚结合水膜又进一步与黄土颗粒接触，形成了一定的堵塞效应，从而阻滞孔隙水的流动，使渗透系数降低。因此，膨润土改良黄土是一种优良的防渗材料，拥有极佳的抗渗性能。对于天然抗渗材料缺少的黄土地区，膨润土改良土的出现和应用不仅可以避免使用大量的优质黏土，而且可以减少造价高的人工防渗措施的设置，值得推广使用。

以往建设的城市垃圾填埋及各类渣库（尾矿）等工程，防渗层或衬里设计、施工多采用压实黏土或人工防渗措施（防渗膜、土工布与压实土结合），虽工程应用较为成熟，但受场地因素控制，并非所有的填埋场在建设过程中都能够较容易地取得大量压实后性能满足工程要求的黏土，同时黏土外运或设置人工防渗措施会加大成本，工程造价就难以控制。故膨润土改良黄土已被应用于黄土地区的城市垃圾填埋与渣库（尾矿）的防渗层或衬里，并有较好的效果。

黄土地区特别是湿陷性黄土地区，防水措施是保证工程建设及使用（运营）过程中的重要措施。建筑场地的地面防渗、交通工程的道路路基防渗、水利工程的渠道与库区防渗等，防水、防渗措施的实施，对防渗材料的需求急剧增加，膨润土改良土也将会在黄土地区防渗工程中发挥作用。

10　木质素磺酸钙改良黄土

10.1　概述

黄土中掺入一定比例的木质素磺酸钙（简称木钙）对黄土进行改良，黄土与木钙的混合料称之为木钙改良黄土，简称木钙土。

木质素是一种存在于植物木质部中的复杂的高分子化合物[126]，大约占陆地植物生物量的1/3，其总量仅次于纤维素。木质素一般是指木质素制备物和木质素衍生物，其中，木质素磺酸钙（简称木钙）为木质素的一种衍生物（图10-1），是在生产纸浆工艺时，木质素与亚硫酸盐溶液发生磺化反应，引入了磺酸基，形成的一种多组分高分子有机化合物，一般作为废弃物排出，这样不仅造成了资源浪费，也引起了环境污染问题。目前，木钙已被广泛用做水泥减水剂、耐火材料结合剂、陶瓷坯体增强剂、水煤浆分散剂、农药悬浮剂等方面，而在岩土工程领域，木钙被当作土体固化剂，以一定比例掺入到土料中，对土料进行改性固化。

(a) 木钙外观　　　　　　　　　　　　　　　　(b) 木钙分子式

图 10-1　木钙示意图

木质素作为土体固化剂是瑞典首次开展研究的。1937 年，瑞典政府尝试寻找一种经济且有效的土体固化剂，于是就对造纸工业废液进行试验，这是木质素首次作为土体固化剂在土木工程领域使用。随后，瑞典又在筑路工程中开展了使用木质素做道路粘结剂材料的试验。爱荷华州立大学的 Sinha 在 1957 年利用亚硫酸废液提取的木质素对 Iowa 黄土进行较全面的改良研究，试验表明：木质素对土体的工程性质有一定的改善作用，增加了土的压实密度，提高了土体的保湿性能。随后，各国的学者及工程技术人员相继开展木质素加固土体的研究，利用木质素磺酸盐改良黏土和粉砂[127-128]等，提出了木质素磺酸盐的加固机理及最佳掺入比，得到了一些有用的研究结果。国内东南大学的刘松玉教授团队率先开展了木质素加固路基土的研究[129]，利用木质素改良粉土，研究了其基本工程特性变化规律和抗侵蚀特性，确定木质素改良效果；而利用木钙改良黄土也在近几年开展起来[130-131]，对木钙改良黄土（木钙土）的机理及其工程性质展开了研究，并取得了一些成果。

木钙是一种多组分高分子聚合物阴离子表面活性剂，分子量一般在 800～10000 之间，由于分子中含有大量的活性基团，能自我缩合或者与其他物质进行缩聚反应，并能吸附在各种固体质点的表面上，具有不同程度的分散性、粘结性、润湿性和螯合性，此特性使其用于改良土体黏聚力成为可能。木钙具有的粘结性使得其与土颗粒相互作用后生成具有较强胶凝作用的聚合物，可提升颗粒间的胶结性，故木钙改良黄土具有一定的可能性，但是研究尚属起步阶段，且在岩土工程中还很少得到利用。岩土工程建设需要消耗大量的土工材料，将木钙应用于土体改良，不仅可以有效地处理工业副产品，还可以实现自然资源的多途径利用。

10.2 木钙土改良机理

木钙是一种多组分高分子聚合物，其化学组成与传统无机固化剂不同，在加固土体过程中并不发生火山灰反应和碳酸化反应等传统无机固化剂加固土体时产生的化学反应。木钙在整个固化过程中主要通过水解反应、质子化反应、静电引力作用以及离子交换反应等作用形成的胶结聚合物包裹、联结土颗粒，填充孔隙，并且降低双电层厚度，达到对黄土改良的目的。

（1）木钙首先在土体水中发生水解反应，木钙的仲羟基断裂并与水解产生的 H^+ 共用一对电子（即质子化反应），释放出水分子，形成带有正电荷的胶结聚合物，该聚合物最终通过静电引力作用吸附在带有负电荷的土颗粒表面，中和土颗粒电位。另外，木钙掺入土中，引入了 Ca^{2+}，Ca^{2+} 与土中 Na^+ 发生离子交换反应，所以，土颗粒双电层厚度变薄。

（2）木钙土中胶结生成物或包裹颗粒、或联结颗粒、或填充孔隙，使得土体结构骨架单元间联结方式由接触联结转变接触、胶结联结，形成絮凝状结构，提高骨架单元和单元间联结强度，增强了颗粒间的黏聚作用和咬合作用，提升土体密实度，大大增强木钙土的力学性能。

（3）木钙土的双电层厚度变薄、密实程度提升，改善土体的斥水性和渗透性，这样分别从土体表面和孔隙通道有效减缓水分进入土体，有利于保持土体内部干燥状态，而且黄土颗粒间多黏附着胶结物，胶结性能增强，水稳性也得到提升。

（4）木钙作为阴离子表面活动剂，同时存在"两性"基团，在吸附作用的影响下，降低颗粒表面溶液张力，拌和过程中形成大量微气泡，起到减水、缓凝效果，故木钙土存在龄期效应，各工程性能需要一定反应龄期才可达到最大值。同时，在过高掺量时，随着吸附量的增加，木钙在黄土颗粒表面会自粘结，形成木钙团粒，削弱了黏聚力和骨架强度，从而导致掺量过高的木钙土力学性能降低，所以，木钙对黄土的改良存在掺量限值。

10.3 木钙土物理性质

10.3.1 界限含水率

木钙掺入黄土后与水和土粒表面阳离子发生反应,使土体 pH 降低,土粒电位改变,结合水膜厚度减小,并通过粘结作用增大了木钙土基本单元结构的体积,使得比表面积降低,吸附水厚度减小,从而引起液塑限和塑性指数降低。如图 10-2 所示,木钙土的液塑限及塑性指数随着木钙掺量的增加逐渐降低,塑限较黄土填料减小幅度较大,特别是低掺量、低龄期(1d)时;相较于液塑限,木钙掺量对于塑性指数的影响相对较小,且除 1%、3% 掺量外,不同龄期下各液塑限和塑性指数差距不大。

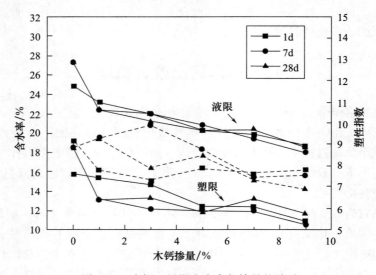

图 10-2 木钙土界限含水率与掺量的关系

10.3.2 压实性

随着木钙掺量的增加,木钙土的最大干密度增加,最优含水率降低。木钙土的击实曲线和木钙掺入量对木钙土压实性的影响如图 10-3、图 10-4 所示。木钙掺量由 0% 增加到 9%,最大干密度由 1.73g/cm³ 增加到 1.8g/cm³,最优含水率由 15.5% 降低到 11.3%,高掺量木钙土(高掺量定义为 5%~9%,低掺量为 1%~3%,下同)的最优含水率仅为 11.3%~12.5%,其中尤以 7% 木钙土最优含水率最低,这对于含水率偏低的黄土现场施工无疑是有利的。这是因为木钙掺入后与黄土颗粒发生反应,形成团聚体,改善了颗粒级配,使得木钙土最大干密度增大;同时,团聚体使得比表面积减小,加之木钙的润湿性,导致最优含水率有较大的降低。

随着木钙掺量的增加,击实曲线形态也由"平缓"型变为"尖锐"型,说明改良土的干密度对含水率变化的敏感性有所提高,最优含水率的范围变小,因此,在工程施工时需更严格控制含水率。

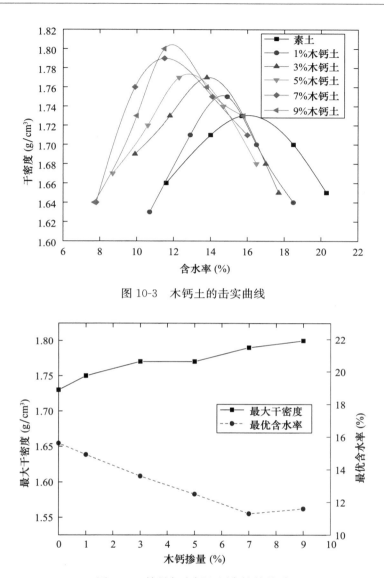

图 10-3　木钙土的击实曲线

图 10-4　掺量与木钙土压实性的关系

10.4　木钙土力学性质

10.4.1　无侧限抗压强度

表 10-1 为木钙土在不同木钙掺量下的无侧限抗压强度，由表 10-1 可以看出，28d 龄期时木钙土的无侧限抗压强度一般可达 2600～4600kPa，1％掺量的木钙土的抗压强度即可达到压实黄土的 3 倍，7％掺量的木钙土的抗压强度最高，比压实黄土大 5 倍多，说明木钙对黄土的改良效果显著，木钙土的无侧限抗压强度增长幅度大。

表 10-1　木钙土的无侧限抗压强度

素土的无侧限抗压强度 f_{cu0}（kPa）	木钙掺量（%）	木钙土的无侧限抗压强度 f_{cu}（kPa）	龄期（d）	f_{cu}/f_{cu0}
880	1	2620	28	3.0
	3	3000		3.4
	5	4400		5.0
	7	4600		5.2
	9	3940		4.5

　　木钙土无侧限抗压强度随木钙掺量变化如图 10-5 所示，木钙土的无侧限抗压强度随木钙掺量的增加呈现先增大后减小的变化趋势。养护龄期为 1d 的木钙土无侧限抗压强度整体偏低，与素土相比变化较小；龄期 7d 的木钙土无侧限抗压强度在掺量 1% 时达到最大值，此后随木钙掺量增加逐步减小；28d 木钙土的无侧限抗压强度变化基本稳定，3%～5% 掺量段抗压强度增长最快，5% 掺量与 7% 掺量强度接近，7% 掺量的木钙土无侧限抗压强度是素土的 5.2 倍，达到强度峰值，而 9% 掺量的木钙土抗压强度是7% 掺量的 0.86 倍，有了较大幅度的下降。这表明木钙对黄土的改良存在强度峰值，木钙土抗压强度峰值的掺量区间为 5%～7%，小于或大于这个掺量区间，抗压强度降低较多，说明抗压强度对掺量比较敏感。

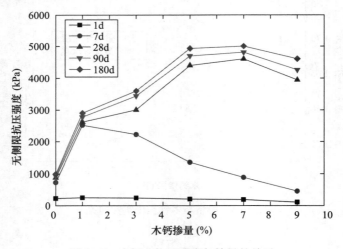

图 10-5　木钙土抗压强度与掺量的关系

　　木钙土抗压强度随龄期变化是因为在龄期较短时，低掺量木钙土反应完成度高，木钙充分发挥固化作用；而高掺量木钙土短期内反应完成度低，木钙的水解反应、木钙与土颗粒间的离子交换作用未完全发挥，需要更长的时间反应固化，故达到强度峰值的时间长；抗压强度随木钙掺量增加会降低是因为过量的木钙胶结物会发生自粘结，使木钙的作用由"胶结"向"润滑"转变，削弱了胶结作用力，并且使得接触联结转换为胶结联结，颗粒间的咬合力下降，使得土体内摩擦角降低，无侧限抗压强度也就随之减小。因此，木钙用于黄土改良时应控制好掺量，过量的木质素磺酸钙反而难以起到更好的加固效果，从无侧限抗压强度角度木钙土的最佳掺量为 5%～7%。

木钙土具有明显的龄期效应,养护龄期对木钙土无侧限抗压强度有较大的影响。图 10-6 为无侧限抗压强度随龄期变化曲线,无侧限抗压强度随龄期的变化可分为强度快增期和强度缓增期两个阶段,强度快增期内完成无侧限抗压强度的主要增长,随后强度缓慢增大,甚至无变化。不同掺量木钙土的强度快增期范围不同,高掺量木钙土的强度快增期范围为 28d,期内已完成的无侧限抗压强度为 180d 的 85.7%~92.0%,而低掺量木钙土的强度快增期范围为 7d,期内已完成的无侧限抗压强度为 180d 的 62.0%~86.9%。这说明木钙掺量高时改良黄土强度所需要的时间更长,这是由于掺量越高时木钙和土充分反应需要的时间越长,胶结作用形成的时间就长。由于 28d 时各掺量木钙土强度都能达到稳定增长期,故可取 28d 为木钙土的标准龄期。

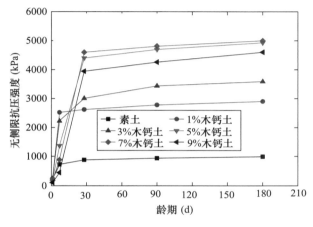

图 10-6 木钙土抗压强度与养护龄期的关系

木钙土的应力-应变曲线如 10-7 所示,由图 10-7 可以看出,木钙土的应力-应变曲线形态基本相同,但其变形特征、破坏类型随掺量不同而有所不同。当木钙掺量在 7% 以内,随木钙量增加强度峰值对应应变不断增大,掺量大于 7% 时峰值应变没有继续增大,即 1%~9% 掺量的木钙土虽然均为脆性体,但低掺量木钙土脆性较高掺量木钙土小,而 9% 木钙土又出现了弹塑性的态势。

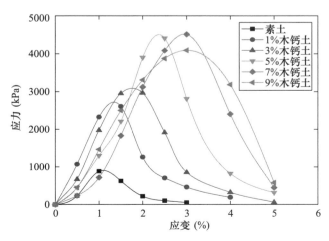

图 10-7 木钙土的应力-应变曲线

10.4.2 抗剪强度

图 10-8 为垂直压力 300kPa 下直接剪切试验的抗剪强度与掺量、龄期的关系，由图 10-8可以看出，抗剪强度的变化规律同无侧限抗压强度基本相似，均随着木钙掺量的增加呈先增大后减小的态势，抗剪强度也存在最优掺量，且最优掺量随龄期的不同而不同。低龄期（7d）内，抗剪强度随掺入量变化不大，但也呈先增大后减小的态势，在掺量较小（1%掺量）时，达到抗剪强度峰值，峰值仅为素土的 1.2 倍；随着掺量和龄期的增加，抗剪强度增加幅度大，28d 后抗剪强度随龄期的增长趋于稳定，3%～5%掺量段抗剪强度增长最快，掺量 5%与 7%时的抗剪强度差别很小，在 7%掺量时抗剪强度达到峰值，9%掺量抗剪强度降低较大；同抗压强度一样，抗剪强度对掺量也比较敏感，木钙土抗剪强度峰值的掺量区间为 5%～7%，小于或大于这个掺量区间，抗剪强度降低较多。从抗剪强度来看，可以取 28d 作为标准龄期，最优掺量为 5%～7%，木钙土抗剪强度最大值接近 800kPa，约素土的 2.0 倍。

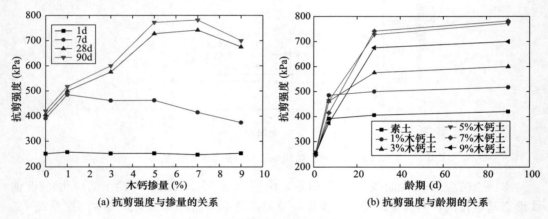

(a) 抗剪强度与掺量的关系　　　　　　　　(b) 抗剪强度与龄期的关系

图 10-8　抗剪强度与掺量、龄期的关系

木钙土的黏聚力随着木钙掺量的增加先增大后减小、随养护龄期的增加而增大（图 10-9），呈现与抗剪强度基本一致的变化趋势。高掺量下，木钙土的黏聚力均远高于压实土黏聚力，且 28d 时黏聚力增长趋于稳定；黏聚力峰值在 7%掺量时达到，且 5%、7%和 9%掺量的木钙土黏聚力相差不大，黏聚力最大值可以达到 450kPa，是素土的 2.6 倍，说明黏聚力对抗剪强度起决定性作用。

木钙土的内摩擦角同样随木钙掺量的增加先增大后减小、随养护龄期的增加而增大（图 10-10）。7d 各掺量间内摩擦角变化较小，而 28d、90d 的内摩擦角随掺量的变化较大，且各龄期均在掺量 5%时达到最大值；与抗剪强度有所不同是，9%木钙土的内摩擦角随龄期增长缓慢且数值较低，仅高于素土。

木钙土的黏聚力和内摩擦角对抗剪强度的贡献有所差异，黏聚力峰值在 7%掺量时达到，最大值是素土的 2.6 倍；内摩擦角峰值在 5%掺量时达到，最大值仅为素土的 1.2 倍，且随着掺量的增加内摩擦角的下降幅度较大，9%掺量时只略高于素土的内摩擦角，说明黏聚力对抗剪强度起决定性作用，内摩擦角对抗剪强度的提高贡献较小，而对抗剪强度降低的作用非常显著。

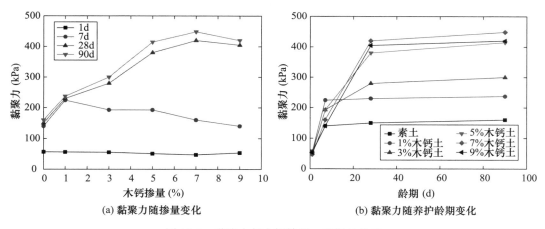

(a) 黏聚力随掺量变化　　　(b) 黏聚力随养护龄期变化

图 10-9　黏聚力与木钙掺量、龄期的关系

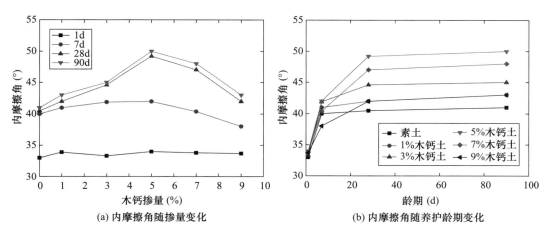

(a) 内摩擦角随掺量变化　　　(b) 内摩擦角随养护龄期变化

图 10-10　内摩擦角与木钙掺量、龄期的关系

10.5　木钙土水理性

10.5.1　渗透性

图 10-11 为木钙土的渗透系数随木钙掺量及龄期的变化。由图 10-11 可以看出，木钙土的渗透系数随着掺量和龄期的增加均呈现减小趋势。当低掺量时，各龄期渗透性能变化较为显著，降低幅度大；当掺入量大于 5% 时，随着掺量的增加渗透性变化减缓；当掺入量大于 7% 时，渗透系数未有显著降低，且掺入量 7% 和 9% 木钙土的渗透系数变化很小，稳定在 $2.0 \times 10^{-6} \sim 1.8 \times 10^{-6}$ cm/s 之间。同时，随着养护龄期的增加，木钙土的渗透系数逐渐降低，在 28d 龄期之前，木钙土的渗透系数变化较快，曲线较陡；在 28d 龄期之后，木钙土的渗透系数减小变慢，曲线趋于平缓。

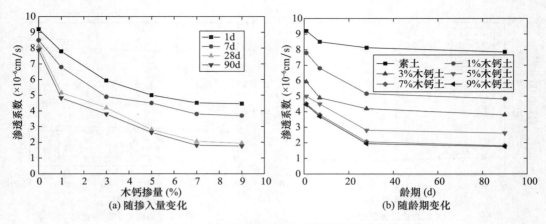

图 10-11　不同掺量、龄期与渗透系数关系曲线

由此可见，木钙的掺入对渗透性有一定影响，木钙掺入后填充了土颗粒间的孔隙，使孔隙的尺寸减小，连通性减弱，土体的密实度提高，渗透性得到了改善。虽然高掺量木钙土的渗透系数约为素土的 $1/4$，但渗透系数也仅限于 10^{-6} 级，木钙对土体渗透性的作用有限。

10.5.2　斥水性

斥水性是指土颗粒表面很难或不能被水分湿润，反映了土对外界水分的抵抗能力。以 Dekker L W 等[132] 研究成果将斥水性分为 5 个等级（表 10-2），并以 5s 作为是否具有斥水性的分界线。

表 10-2　斥水性能分级标准

水滴入渗时间（s）	斥水等级
<5	亲水性
5~60	轻微斥水性
60~600	强烈斥水性
600~3600	严重斥水性
>3600	极度斥水性

图 10-12 为水滴入渗时间与掺量、龄期的关系曲线，各龄期的水滴入渗时间随木钙掺量的增加先急剧增大后略微减小，不同养护龄期均在 5% 掺量后斥水性能不再随掺量的增加而提升；水滴入渗时间随着龄期的递增逐渐增长，前期速度较快后期较为平缓，且在 28d 内完成了主要的增长。高掺量木钙土的水滴入渗时间较高，即斥水性强，其中28d 龄期后的水滴入渗时间可达素土的 67~95 倍。按掺量的不同斥水性等级可分为三类，高掺量木钙土跨越两个斥水等级，28d 内具有轻微斥水性，超过 28d 后发展有强烈斥水性；低掺量木钙土各龄期范围内均为轻微斥水性；而素土的水滴入渗时间随着龄期变化很小且各龄期范围内水滴入渗时间均小于 5s，即素土具有亲水性。所以，相较于素土，木钙土的斥水性得到了显著提升，低掺量的木钙即可较好改良土的斥水性，高掺量的木钙土在一定的龄期后均可达到强烈斥水性。

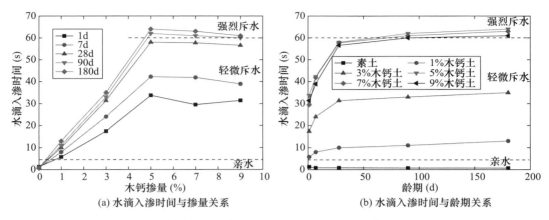

图 10-12　水滴入渗时间与掺量、龄期的关系

10.5.3　崩解性

木钙土的崩解性较素土有明显改善，由图 10-13 可看出，随着木钙掺量的增加，木钙土的完全崩解时间呈现先增大再减小的趋势，在 7％掺量时达到峰值，最大崩解时间可达素土的 17～36 倍；相同掺量木钙土的完全崩解时间随着龄期的增加而增大，28d 以前增速较大，28d 以后增速明显缓慢。

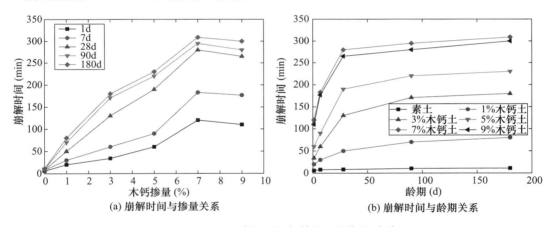

图 10-13　湿化崩解时间与掺量、龄期的关系

掺入木钙可以明显改善压实土的水理性质，总体来说，低掺量木钙土水理性质提升幅度有限，而高掺量木钙土水理性质整体表现良好，但是木钙土的各项水理性质与掺量的关系也有不同，28d 养护龄期下，木钙土各项水理性质参数随掺量的变化均呈现先增长后减小（渗透系数为先减小后平缓）的规律，即均存在广义上的峰值，但各峰值所对应的掺量不同。由表 10-3 的对比可得，虽然峰值与掺量的关系存在一定差异，但综合多项水理性质指标，可以确定 7％为最佳木钙掺量，且木钙土的各水理性质表征参数均在 28d 内快速变化，并在 28d 基本达到最大值，而超过 28d 后，变化速度放缓并趋于平稳，因此，针对水理性质，木钙土的养护龄期可以定为 28d。

表 10-3　水理性质参数对比比值

水理性质参数	掺入量		
	5％木钙土	7％木钙土	9％木钙土
水滴入渗时间	1.01	1.00	0.98
渗透系数	1.36	1.00	0.94
崩解时间	0.68	1.00	0.95

10.6　木钙土微观结构

通过扫描电镜图片可定性观察土体加固前后的孔隙形态、颗粒连接特征及整体结构变化，有助于更直观地理解土体加固工程性质变化。图 10-14 为 28d 龄期不同掺量木钙土放大 500 倍的 SEM 图像，由图 10-14 可见，素土中土颗粒表面光滑，边界明显，棱角分明，土颗粒间连接较少，以角-面接触和边-面接触为主，虽然经过压实处理，但土体结构内部存在较多孔隙。加入少量（1％掺量）木钙后，虽然仍有较多孔隙，但可以看出颗粒表面与颗粒间包含有明显的蜂窝状胶结生成物，这些胶结物或包裹颗粒，或联结颗粒，或填充孔隙。随着木钙掺量的增加，蜂窝状胶结生成物逐渐致密化，骨架颗粒表面黏附着胶结生成物，形成更大的团聚体，颗粒粒径发生改变，新体系可以改善颗粒级配，增加颗粒间的咬合作用，则内摩擦角增大。而当木钙掺量超过 5％后，致密胶结生成物包裹的团聚体磨圆度过大，造成内摩擦角反而减小，同时胶结生成物聚集在骨架颗粒的接触处，增强胶结作用力，所以黏聚力增大，这是木钙土力学性质提高的主要原因。但是，当木钙掺量超过 7％后，由于自身很强的粘结性，过多木钙优先和自身结合，形成较大粒径的木钙团粒，反而削弱了胶结作用力，导致黏聚力降低。由此，从微观结构也说明木钙对黄土的改良存在掺量限值。

图 10-15 为 7％木钙土在不同养护龄期的 SEM 图像。由图 10-15 可以发现，1d、7d养护龄期时虽然颗粒间接触点已有明显胶结物质，但胶体未凝结硬化，基本单元颗粒轮廓清晰，未形成集粒或黏聚体来提高基本单元骨架的强度，所以，该养护龄期下，各性能与素土相差不太大，与本研究前述试验现象基本吻合。随着养护龄期的增加，在 28d养护龄期时，多个基本单元颗粒在胶结物的作用下形成集粒，各单元体间接触已由低龄期木钙土的接触点联结变为胶结面联结，未见明显单元体间大孔系，胶体物质已经基本完全硬化，形成牢固的整体结构，宏观表现为土体的力学性能大幅提升，故在 28d 时各性能增长趋于稳定。90d 和 180d 的胶体形态相对 28d 变化不明显。

图 10-16 为木钙土的累计进汞量曲线，进汞量表征了试样的孔隙体积。由图 10-16可以看出，随着木钙掺量增加，木钙土的孔隙累积曲线逐渐降低，而当木钙掺量为 9％时，木钙土的孔隙累积分布曲线降低明显。进汞量减小在微观结构上表明土体中孔隙体积减小，土体结构更加致密。另外，在 $0.1 \sim 20 \mu m$ 范围内，随着孔径的减小，进汞量变化显著，说明木钙土试样的孔径主要集中在该尺寸范围内。

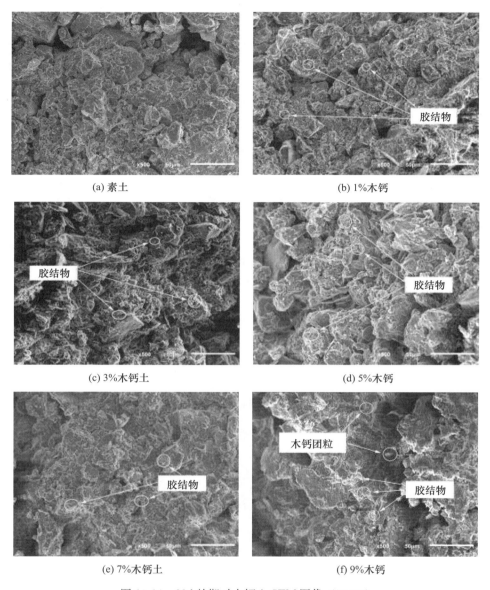

图 10-14　28d 龄期时木钙土 SEM 图像（×500）

　　图 10-17 为木钙土孔隙分布密度与孔径关系曲线，孔径段曲线下面积代表孔隙体积含量，曲线的峰值越高说明该孔径对应的孔隙数量越多。可以发现，木钙土孔隙密度分布曲线存在明显的"双峰结构"的特点，双峰分别代表了单元聚集体内的微小孔隙的峰值和聚集体之间的相对较大孔隙的峰值。同时，可以看出土样的孔径分布范围为 0.1～20μm，主要集中分布在 1～10μm 区间内，峰值出现在孔径 2μm 和 8μm 左右。参照雷祥义[13]基于压汞试验对黄土微观孔隙的分类，微孔隙、小孔隙、中孔隙、大孔隙对应半径区间（0，1）、（1，4）、（4，16）、（16，＋∞），可知本次木钙土试样的孔隙主要为中小类孔隙，微孔隙次之，大孔隙占比极少。

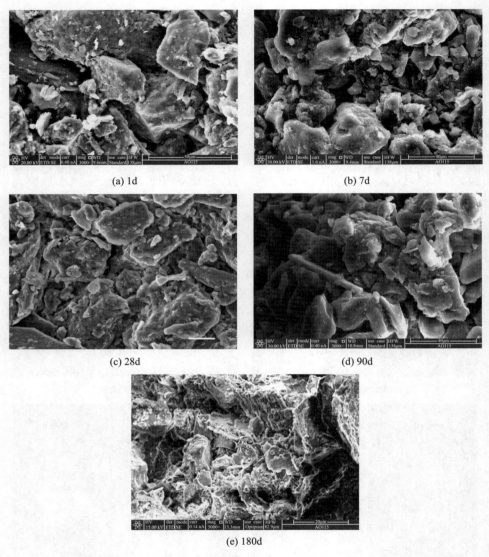

(a) 1d

(b) 7d

(c) 28d

(d) 90d

(e) 180d

图 10-15　木钙土在不同养护龄期的 SEM 图像（7％掺量）

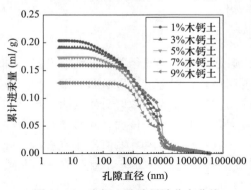

图 10-16　木钙土孔隙累计分布曲线

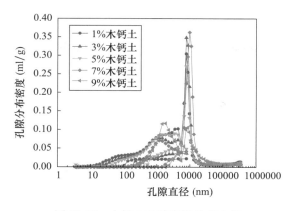

图 10-17　木钙土孔隙密度分布曲线

　　通过对木钙土的微观结构特征、孔隙形态及分布的分析，可以更好地了解木钙土的微观结构及其与宏观工程性质之间的关系，有助于更深入地认识木钙土的加固机理及工程性质。木钙土中有较多的胶结物，这些胶结物或包裹颗粒，或联结颗粒，或填充孔隙，形成絮凝状结构，使土体密实度得到提高，结构更加稳定。如图 10-18 所示，压汞试验结果也印证了这一结论，这是木钙土力学性质提高的主要原因。同样，木钙土的密实程度提升较大，相同渗透压力下，水在木钙土试样内流通的速度放缓，渗透性得到一定程度的减弱；木钙土的双电层厚度变薄，从而也提升其斥水性；崩解的本质是水分进入土体内部，并弱化颗粒间胶结，最终破坏土体结构，木钙的掺入可改善土体的斥水性和渗透性，分别从土体表面和孔隙通道有效减缓水分进入土体，有利于保持土体内部干燥状态，另外，黄土颗粒间多黏附着胶结物，胶结性能增强，所以，木钙土的水稳性也得到提升。

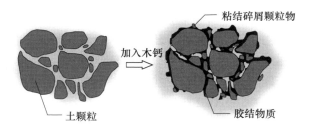

图 10-18　木钙土胶结作用示意图

　　木钙作为阴离子表面活性剂，同时存在"两性"基团，在吸附作用的影响下，降低颗粒表面溶液张力，拌和过程中形成大量微气泡，起到减水、缓凝效果，故木钙土存在龄期效应，各工程性能需要一定反应龄期才可达到最大值。同时，在过高掺量时，随着吸附量的增加，木钙在黄土颗粒表面会自粘结，形成木钙团粒，削弱了黏聚力和骨架强度，从而导致掺量过高的木钙土力学性能降低，所以，木钙对黄土的改良存在掺量限值。

　　值得说明的是，木钙是一种复杂的高分子化合物，不同的物质来源和生产方法得到的木钙性质有所差异，且不同的土质和环境也影响加固机理，对木钙土更为明确的加固机理还应结合多种试验手段和多种学科理论进行深入的研究。

10.7　木钙土工程特性综述

综合木钙土的基本物理特性、力学特性、水理特性以及掺量、龄期等因素对性质指标的影响规律，木钙土的工程性质和应用控制原则有：

（1）木钙对黄土物理力学性质具有显著的改良作用，木钙的掺入，可明显提升黄土的密实度、无侧限抗压强度和抗剪强度，特别是高掺量（5%、7%）时对黄土的改良效果尤为显著。随着木钙掺量的增加，木钙土的无侧限抗压强度呈先增大后减小的变化规律，存在最佳掺量，7%掺量时无侧限抗压强度达到峰值，接近 5000kPa，约为压实黄土的 5 倍多，9%掺量时的无侧限抗压强度降低为压实黄土的 4.5 倍；抗剪强度随掺量呈先增后减的趋势，规律与无侧限抗压强度一致，抗剪强度的提高更多的是黏聚力的贡献。

（2）木钙土的抗压和抗剪强度均随龄期的延长而增加，在低掺量时，达到最佳强度所需养护龄期短；在高掺量时，所需养护龄期时间长，28d 时各掺量木钙土强度都能达到稳定增长期，表现出明显的龄期效应。

（3）木钙对黄土的水理性质具有较好的改良作用，木钙的掺入可以改善黄土的斥水性、渗透性和水稳性。低掺量木钙土水理性质提升幅度有限，而高掺量木钙土水理性质整体表现良好，7%掺量和 28d 养护龄期时达到最优效果。

（4）木钙土主要通过水解反应、质子化反应、静电引力作用以及离子交换反应等作用形成的胶结聚合物包裹、联结土颗粒，填充孔隙，并且降低双电层厚度，达到对黄土改良的目的。

（5）木钙土与水泥土、灰土的微观结构和加固机理不同，使得其工程性质也有所差异。木钙土主要是通过物理胶结作用加固土体，虽然也为脆性破坏，但其破坏后还有一定的残余强度，所以更适合加固路基土或坝基工程；木钙土固化剂掺量较少，可在较低的含水率下获得更大的密实度；在工程常用配比下，木钙土比灰土、水泥土具有更高的强度；木钙土渗透性相对较高，但也达到了 10^{-6} cm/s 量级，具备了低等级的防渗要求。

（6）木钙是一种较好的高分子有机固化剂材料，在改良黄土物理力学性质和水理性质等方面有较为显著的效果；木钙土强度优势明显、掺合料用量少、击实性能好，且利用工业废料改良黄土符合国家政策，是值得推广应用的黄土改良土，更适宜作为以强度功能为主、渗透功能为辅的工程材料。建议木钙土的最佳掺量为 7%，最适养护龄期为 28d。

10.8　木钙土的工程应用

目前，木质素改良土在国内还处在研究阶段，虽然木质素在工业、农业等领域有着广泛应用，但在建设工程中还未得到推广，工程应用较少。国外已有许多成功应用木质素加固路基或坝基的工程，另外，木质素在抑制扬尘和改善土体抗侵蚀性等方面也有成功的应用实例。建设工程需要消耗大量的土工材料，将木质素应用于土体改良，不仅可以有效地处理工业副产品，还可以实现自然资源的多途径利用，减小处置不当带来的环境问题。本章对木钙土的研究表明木钙土有良好的工程性质，其强度优势明显，节能环保，是值得推广应用的黄土改良土。

木质素自身的复杂性和多样性，木质素的土体固化剂形态也多种多样，但主要存在固态和液体两种形式。现场施工配制也有两种方式，如图 10-19 所示，一是喷洒工艺，针对粉末状木质素配制质量分数为 30％溶液进行喷洒，或将液态木质素配制成不同浓度溶液，利用洒水车进行喷洒；二是采用与灰土类似的拌和施工工艺。拌和施工工艺相对来说容易控制且均匀性要好一些，可采用先拌和后增湿（至最优含水率）的顺序。

(a) 喷洒施工　　　　　　　　　　　　　　(b) 拌和施工

图 10-19　木钙土施工工艺

图 10-19（b）为木钙土现场施工工艺的试验，现场木钙土的配制采用先加固化剂再增湿的拌制工序，即先将黄土和木钙拌制均匀，然后分层加水，并密封润湿 24h；由于木钙土施工受到振动时，容易形成橡皮土，所以施工均为静压，采用"先轻后重"的分层碾压方式。碾压后测得木钙土的压实系数为 0.96～0.99，能够满足压实质量要求。从已有现场数据中发现，木钙土现场拌和的均匀性较好，但仍存在局部拌和不均匀现象，这与木钙的吸湿、自粘结性能相关，大面积现场施工中需进一步完善拌制方式。同时，木钙土的液限、塑限和塑性指数相较于素土均有减小（图 10-20），且液限、塑限变化幅度较大，塑性指数变化幅度较小，这与室内试验结果规律一致；比较室内试样和现场取样试验结果（图10-21），内摩擦角的室内试样和现场试样的增幅基本一致，而黏聚力的增幅则有一定差距，现场试样中的黏聚力和内摩擦角的绝对值整体偏低，主要原因是试样的养护模式不同，室内试验是单个小试样直接养护，而现场试验是试验区试样整体养护。

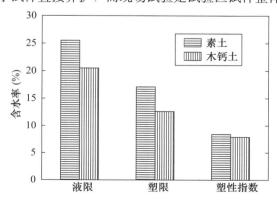

图 10-20　木钙土与素土现场试验参数比较

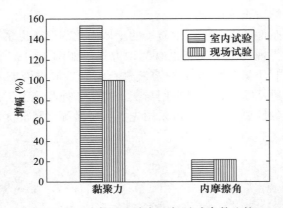

图 10-21 木钙土室内与现场试验参数比较

由于木钙土在建设工程中的应用还处于起步阶段，现场施工工艺的研究和经验尚少，而现场施工工艺是改良土的推广应用的重要环节，也是改良效果的关键。木钙最佳掺量仅为 5%～7%（质量比），掺量较低，且木钙在增湿的过程中有一定的胶结性，现场拌和均匀有一定难度；木钙掺量对木钙土强度的影响较大，木钙土强度峰值的掺量区间为 5%～7%，小于或大于这个掺量区间，强度降低较多，如果拌和不均匀，就会出现部分土木钙掺量大于最优掺量，而另外部分土木钙掺量小于最优掺量，结果就会导致木钙土的强度大幅度降低，故加强现场施工工艺的研究是改良土推广和应用的重要内容之一。关于木质素固化土的现场施工工艺目前尚缺乏统一的规程，如何正确、合理地将其应用于实际工程建设，仍需进一步探索。

参考文献

［1］张宗祜．中国黄土［M］．河北：河北教育出版社，2003．

［2］刘东生．中国的黄土堆积［M］．北京：科学出版社，1965．

［3］王永焱，林在贯等．中国黄土的结构特征及物理力学性质［M］．北京：科学出版社，1990．

［4］王永焱．黄土与第四纪地质［M］．西安：陕西人民出版社，1982．

［5］中华人民共和国住房和城乡建设部．湿陷性黄土地区建筑标准：GB 50025—2018［S］．北京：中国建筑工业出版社，2018．

［6］冯连昌，等．中国湿陷性黄土［M］．北京：中国铁道出版社，1982．

［7］王永炎，等．中国黄土研究的新进展［M］．西安：陕西人民出版社，1985．

［8］黄金荣，等．新型路堤填筑技术［M］．上海：上海交通大学出版社，2010．

［9］张宗祜．我国黄土类土显微结构的研究［J］．地质学报，1964，44（3）：357-370．

［10］高国瑞．兰州黄土显微结构和湿陷机理的探讨［J］．兰州大学学报（自然科学版），1972，（2）：123-134．

［11］雷祥义．中国黄土的孔隙类型与湿陷性［J］．中国科学（B辑），1987，12：1309-1316．

［12］羊群芳．基于湿陷、震陷、液化灾害的黄土微结构研究［D］．甘肃：兰州大学，2011．

［13］中华人民共和国住房和城乡建设部．土工试验方法标准：GB/T 50123—2019，［S］．北京：中国计划出版社，2019．

［14］中华人民共和国交通部．JTG 3430—2020，公路土工试验规程［S］．北京：人民交通出版社，2020．

［15］同济大学．地基处理［M］．北京：中国建筑工业出版社，2009．

［16］刘巍然．压实黄土路基中含水量分布及水分迁移规律研究［D］．西安：长安大学，2004．

［17］高建伟，等．黄土无侧限抗压强度的试验研究［J］．安全与环境工程，2014，21（4）：132-137．

［18］蒋应军，等．压实黄土力学性质及影响因素［J］．中国科技论文，2021，16（12）：1346-1353．

［19］张豫川，姚永国，周泓．长龄期改良黄土抗剪强度与渗透性试验研究［J］．岩土力学，2017，38（S2）：170-176．

［20］中华人民共和国住房和城乡建设部．建筑地基处理技术规范：JGJ 79—2012［S］．北京：中国建筑工业出版社，2012．

［21］张虎元，林澄斌，生雨萌．抗疏力固化剂改性黄土工程性质试验研究［J］．岩石力学与工程学报，2015，34（S1）：3574-3580．

［22］李朝晖，张虎元．废轮胎颗粒与黄土混合物压实性能研究［J］．岩土力学，2010，31（12）：3715-3720＋3726．

［23］蔡东艳，韩晓雷．水玻璃加固土的特性研究［J］．西安建筑科技大学学报（自然科学版），2004（02）：233-235．

［24］张建伟，王小锯，李贝贝，韩一，边汉亮．EICP-木质素联合固化粉土的试验研究［J］．土木与环境工程学报（中英文），2021，43（02）：201-202．

［25］中华人民共和国住房和城乡建设部．城市道路路基设计规范：CJJ 194—2013［S］．北京：中国建筑工业出版社，2013．

[26] 唐山平，孙志恒，陈莲芳．石灰稳定土在道路工程中的应用 [J]．中国水利水电科学研究院学报，2010，8（04）：314-318.

[27] 任瑞平．灰土垫层在小高层住宅楼地基处理中的应用技术 [J]．杨凌职业技术学院学报，2014，13（01）：36-38.

[28] 赵彦凯．灰土挤密桩在湿陷性黄土地基施工中的应用 [J]．工程技术研究，2021，6（20）：98-99.

[29] 王绍波，李治平．水泥土搅拌法加固黄土地基的应用研究 [J]．东北公路，2002（03）：34-37.

[30] 中华人民共和国住房和城乡建设部．生活垃圾卫生填埋处理技术规范：GB 50869—2013 [S]．北京：中国建筑工业出版社，2013.

[31] 陆海军，栾茂田，张金利．改良黏土作为填埋场衬里土料的可行性研究 [J]．大连理工大学学报，2011，51（05）：719-724.

[32] 李德军，姚坤．石灰改良过湿土在均质坝填筑中的应用 [J]．四川水力发电，2019，38（02）：60-63.

[33] 曾学敏，张明银，段蔚平．尾矿库筑坝膨胀土料掺灰改良试验 [J]．现代矿业，2015，31（08）：20-22.

[34] 王浩．石灰土无侧限抗压强度影响因素分析及微观机理研究 [D]．江苏：中国矿业大学，2021.

[35] 刘伟．不同配比灰土的工程性能试验研究 [D]．陕西：长安大学，2019.

[36] 陶飞飞，申时庵．石灰改良膨胀土力学性能试验 [J]．广西大学学报（自然科学版），2004（02）：154-156.

[37] 马学宁，梁波，黄志军，孙常新．高速客运专线路基改良填料的试验研究 [J]．铁道学报，2005（05）：96-101.

[38] 罗照新，梁波，李安洪．郑西客运专线黄土填料改良试验研究 [J]．路基工程，2007（03）：82-85.

[39] 罗照新，梁波．不同埋深的黄土填料特性及改良试验研究 [J]．铁道工程学报，2009（02）：30-34.

[40] 赵寿刚，常向前，杨小平．石灰土的工程特性试验研究 [J]．工程勘察，2007（2）：4.

[41] 韩晓雷，郅彬，郭志勇．灰土强度影响因素研究 [J]．岩土工程学报，2002（05）：667-669.

[42] ZHANG Y．，YAO Y．，DU W. et al. Experimental study on improvement design of loess curing in engineering environment [J]．Bulletin of Engineering Geology and the Environment，2021（80），3151-3162.

[43] GLENN R. X-Ray Studies of Lime-Bentonite Reaction Products [J]．Journal of the American Ceramic Society，50（6），312-316.

[44] 杨梅，刘永红．掺入石灰改良黄土性能的试验研究 [J]．路基工程，2007（01）：53-54.

[45] 陈成．压实及石灰改良黄土的力学和水力特性试验研究 [D]．陕西：西安理工大学，2019.

[46] 巨之通．不同材料改良黄土的抗剪强度和崩解特性研究 [D]．陕西：长安大学，2021.

[47] 隋军，高振宇，张颖，张弘，张雪娇．石灰改良黄土渗透特性试验研究 [J]．人民长江，2020，51（05）：197-202＋209.

[48] 祝艳波，李红飞，巨之通，兰恒星，刘振谦，韩宇涛．黄土抗剪强度与耐崩解性能综合改良试验研究 [J]．煤田地质与勘探，2021，49（04）：221-233.

[49] 郭绍影．铁路路基填料改良前后物理、化学性质变化分析 [J]．铁道建筑技术，2006（05）：69-75＋78.

[50] 叶书麟．地基处理工程实例应用手册 [M]．北京：中国建筑工业出版社，1998.

[51] 张森安，曹程明，何腊平，李小伟．文溯阁《四库全书》藏书馆室外场坪鼓胀病害原因 [R]．

甘肃中建市政工程勘察设计研究院（原中国市政工程西北设计研究院勘察分院），2017.

[52] 孙立川，韩杰．水泥加固土无侧限抗压强度影响因素分析及预测［J］．地基处理，1994（4）：31-37.

[53] 周承刚，高俊良．水泥土强度的影响因素［J］．煤田地质与勘探，2001（01）：45-48.

[54] 欧阳克连，宁宝宽．水泥土强度影响因素的研究［J］．中外公路，2009，29（04）：189-191.

[55] 龚晓南．地基处理手册［M］．北京：中国建筑工业出版社，2008.

[56] 约翰．米歇尔．水泥稳定土的性能研究及其在建筑上的应用［M］．孟艳华译公共工程建筑技术年鉴（法文版），1978.

[57] FELT E，Abrams M. Strength and Elastic Properties of Compacted Soil-Cement Mixtures［J］. 1957.

[58] FELT E J. Factors Influencing Physical Properties Of Soil-Cement Mixtures［J］. Highway Research Board Bulletin，1955.

[59] 龚军平．高速铁路路基改良土工程性质试验及施工技术研究［D］．四川：西南交通大学，2002.

[60] 韩文斌、王元汉，京沪高速铁路路基基床填料改良试验研究明［J］．岩石力学与工程学报，200，20（增）：1910-1960.

[61] 杨重存．黄土固化技术在公路工程中的应用及试验研究［D］．陕西：西安公路交通大学，2000.

[62] 房立凤．郑西客运专线水泥改良黄土路基填料试验研究［D］．四川：西南交通大学，2009.

[63] 宋永军，吴连海．铁路客运专线基床水泥改良土填筑压实检测及其时效性研究［J］．铁道勘察，2005.

[64] 闫爱军．水泥改良黄土状土的试验研究［J］．水资源与水工程学报，2015，26（5）：225-228.

[65] 房军，梁庆国，贺谱，等．兰州水泥改良黄土拉压强度对比试验研究［J］．铁道建筑，2018.

[66] 王任杰．水泥改良黄土的工程特性研究［D］．甘肃：兰州大学，2021.

[67] 中华人民共和国国家市场监督管理总局．通用硅酸盐水泥：GB 175—2007［S］．北京：中国标准出版社，2007.

[68] 熊厚金，林天健，李宁．岩土工程化学［M］．北京：科学出版社，2001.

[69] KAWAMURA M，HASABA S，SUGIURA S，et al. A ROLE OF THE INTERACTION OF CLAY MINERALS WITH PORTLAND CEMENT IN SOIL-CEMENT MIXTURE. 1969，1969（169）：31-43.

[70] JIE S，WANG D，HUANG K. Soft Foundation Treatment Technology by Cement Injection Pile in Muddy Silty Clay Stratum［J］. Municipa Engineering Technology，2011，285（6）：R1395-R1401.

[71] HUANG X，CHEN Z，FANG X，et al. Study on foundation treatment thickness and treatment method for collapse loess with large thickness［J］. Chinese Journal of Rock Mechanics and Engineering，2007.

[72] SHI G C. Study on Technical Points of High-rise Building Geotechnical Investigation and Foundation Treatment. 2017.

[73] 郭婷婷，张伯平，田志高，吕东海．黄土二灰土工程特性研究［J］．岩土工程学报，2004（05）：719-721.

[74] 陈家强，于康，庄惠平，刘宏伟，谭立伟．二灰土配合比试验研究及工程应用［C］//．第十二届全国结构工程学术会议论文集第Ⅰ册．2003：488-491.

[75] 张宏，张伯平．养护龄期对二灰土工程特性的影响试验研究［J］．人民长江，2004，34（12）：25-26.

[76] 中华人民共和国住房和城乡建设部．粉煤灰混凝土应用技术规程：GB/T 50146—2014［S］．北京：中国计划出版社，2014.

[77] 中华人民共和国交通运输部. 公路路基施工技术规范：JTG/T 3610—2019 [S]. 北京：人民交通出版社，2019.

[78] 中华人民共和国国家质量监督检验检疫总局. 用于水泥和混凝土中的粉煤灰：GB/T 1596—2017 [S]. 北京：中国标准出版社，2017.

[79] 高国瑞. 灰土增强机理探讨 [J]. 岩土工程学报，1982，4（1）：111-114.

[80] 冯海宁，杨有海，龚晓南. 粉煤灰工程特性的试验研究 [J]. 岩土力学，2002，23（5）：579-582.

[81] 张小平，俞仲泉. 粉煤灰掺石灰混合料的工程性质试验研究 [J]. 河海大学学报，1999，27（3）：57-62.

[82] 张宏，郭婷婷，张伯平. 二灰土工程特性研究 [J]. 中国农村水利水电，2005（08）：90-92.

[83] 张志权，石坚，张平印. 二灰黄土强度特性试验研究 [J]. 四川建筑科学研究，2006（05）：126-129.

[84] 郭婷婷，张伯平，张宏. 二灰土击实性与抗剪强度试验研究 [J]. 长江科学院院报，2004（06）：38-40.

[85] 米海珍，杨泽平. 三种改良土的渗透性试验研究 [J]. 建筑科学，2011，27（11）：41-43.

[86] 夏琼，杨有海，耿煊. 粉煤灰与石灰、水泥改良黄土填料的试验研究 [J]. 兰州交通大学学报，2008（03）：40-43＋47.

[87] 薛国强. 南京新机场高速公路二灰土底基层施工质量控制及监理 [J]. 路基工程，1998（04）：47-50.

[88] 王大明，刘国昌，丁天锐. 宁杭高速公路二灰土底基层机械化施工 [J]. 筑路机械与施工机械化，2004（08）：53-55.

[89] 赵聚现，张文朋. 二灰土在地基处理中的应用 [J]. 山西建筑，2009，35（08）：127-128.

[90] 李治平. 二灰土挤密桩在公路湿陷性黄土地基加固中的应用研究 [J]. 中外公路 2009，29（04）：50-53.

[91] POH H Y, GHATAORA G S, Ghazireh N. Soil Stabilization Using Basic Oxygen Steel Slag Fines [J]. Journal of Materials in Civil Engineering, 2006, 18 (2): 229-240.

[92] SINGH S P, TRIPATHY D P, Ranjith P G. Performance evaluation of cement stabilized fly ash-GBFS mixes as a highway construction material. [J]. Waste Management, 2008, 28 (8): 1331-1337.

[93] WANG G. Slag use in highway construction-the philosophy and technology of its utilization [J]. International Journal of Pavement Research & Technology, 2011, 4: 97-103.

[94] 张海宾，于明明，李小建. 二灰钢渣混合料路用性能试验 [J]. 重庆交通大学学报（自然科学版），2011，30（6）：1344-1346.

[95] 袁玉卿，吴传海，周鑫，王选仓. 二灰钢渣混合料力学性能试验研究 [J]. 武汉理工大学学报，2006（12）：38-40.

[96] 吴旻，王元纲，李国芬，等. 二灰钢渣土干缩性能的试验研究 [J]. 森林工程，2009，25（6）：56-59.

[97] 武静. 二灰钢渣在公路工程中的应用 [J]. 交通世界（建养. 机械），2009（07）：178.

[98] 李新明. 钢渣稳定土的路用性能研究及应用 [D]. 河南：郑州大学，2010.

[99] 高志远. 钢渣粉改良基层土工程特性的试验研究 [D]. 甘肃：兰州大学，2014.

[100] 刘光烨. 钢渣二灰土用于公路基层的稳定性试验研究 [D]. 甘肃：兰州大学，2016.

[101] 金明亮，王兴涛，郑万鹏，马逸非，武旭. 钢渣作为胶凝剂稳定黄土路基研究与应用 [J]. 公路，2022，67（09）：101-108.

［102］中华人民共和国工业和信息化部．钢渣集料混合料路面基层施工技术规程：YB/T 4184—2018
［S］．北京：冶金工业出版社，2018.

［103］中华人民共和国建设部．CJJ 35—90 钢渣石灰类道路基层施工及验收规范［S］．北京：中国建
筑工业出版社，1990.

［104］施惠生，黄昆生，吴凯，郭晓璐．钢渣活性激发及其机理的研究进展［J］．粉煤灰综合利用，
2011（01）：48-53.

［105］李新明，尹松，乐金朝．掺钢渣土强度的干湿循环劣化效应及机理研究［J］．公路，2017，62
（05）：199-204.

［106］DAVID J. D, Christopher R. R. Soil-bentonite slurry bench cut-off Walls［J］. Geotechnical Exhi-
bition and Technical Conference. 1979：1-25.

［107］张虎元，等．膨润土改性黄土衬里防渗性能室内测试与预测［J］．岩土力学．2011，（32）7：
1963-1969.

［108］赵天宇，张虎元，严耿升，吴军荣，刘吉胜．渗透条件对膨润土改性黄土渗透系数的影响［J］.
水文地质工程地质，2010，37（05）：108-112＋117.

［109］CHAPUIS R P, LAVOIE J, GIRARD D. Design, construction, performance, and repair of the
soil-bentonite liners of two lagoons［J］. Canadian Geotechnical Journal, 1992, 29（4）：
638-649.

［110］CHAPUIS R P. Full-scale hydraulic performance of soil-bentonite and clay liners. RM Hardy key-
note address［C］//53rd Canadian Geotechnical Conference, Montreal. 2000.

［111］刘阳生，白庆中．膨润土改性天然粘土防渗材料的研究［J］．应用基础与工程科学学报，2002，
10（2）：143-149.

［112］董军，赵勇胜，蒋惠忠．改性粘土防渗层性能研究及影响因素分析［J］．环境工程，2005，23
（1）：87-91.

［113］陈延君，王红旗，赵勇胜，等．用改性膨润土作垃圾填埋场底部衬里的试验［J］．中国环境科
学，2005，25（4）：437-440.

［114］何俊宝，高亮，等．垃圾卫生填埋场防渗衬层材料复合土的试验研究［J］．环境卫生工程，
1998，6（4）：144-147.

［115］孔令勇，等．改性黄土衬里关键技术研究．中国建筑股份有限公司课题 CSCEC-2008-Z-
21，2009.

［116］郗玥颖，张鹏，崔自治，胡月，马小波．膨润土改性黄土的强度特性［J］．河北农业大学学报，
2017，40（06）：125-128.

［117］王宝仲，孟敏强，杨秀娟，樊恒辉，刘小保．膨润土掺量对重塑黄土抗拉强度的影响［J］．西
北农林科技大学学报（自然科学版），2022，50（10）：135-143＋154.

［118］高梦娜，王旭，李建东，张延杰，蒋代军．膨润土石灰改良黄土强度及微观结构试验研究［J］.
水利水运工程学报，2022（05）：86-93.

［119］姜桂兰，张培萍．膨润土加工与应用［M］．北京：化学工业出版社，2005.

［120］刘月妙，温志坚．用于高放射性废物深地质处置的粘土材料研究［J］．矿物岩石，2003，23
（4）：42-45.

［121］罗照新，梁波，李安洪．郑西客运专线黄土填料改良试验研究［J］．路基工程．2007，3：
82-85.

［122］王珊珊，卢成原，孟凡丽．水泥土抗剪强度试验研究［J］．浙江工业大学学报．2008，36（4）：
753-754.

［123］张西海，夏琼，杨有海．石灰及其与粉煤灰混合料改良粉土的试验研究［J］．路基工程．2007，

3：43-45.

[124] 郤玥颖，张鹏，杨瑞雪，胡月，马小波. 膨润土对黄土抗渗性和强度的影响 [J]. 四川水泥，2017 (09)：292.

[125] 杨博，张虎元，赵天宇，刘吉胜，陈航. 改性黄土渗透性与孔隙结构的依存关系 [J]. 水文地质工程地质，2011，38 (06)：96-101.

[126] 蒋挺大. 木质素 [M]. 北京：化学工业出版社，2009.

[127] J. S. Vinod and B. Indraratna and M. A. A. Mahamud. Stabilisation of an erodible soil using a chemical admixture [J]. Proceedings of the Institution of Civil Engineers-Ground Improvement，2010，163 (1)：43-51.

[128] SANTONI R，TINGLE J，WEBSTER S. Stabilization of silty sand with nontraditional additives [J]. Transportation Research Record Journal of the Transportation Research Board，2002，1787：61-70.

[129] 刘松玉，张涛，蔡国军. 工业废弃木质素固化改良粉土路基技术与应用研究 [J]. 中国公路学报，2018，31 (03)：1-11.

[130] 刘辰麟，王学文，王沈力，等. 木质素磺酸钙改良黄土无侧限抗压强度试验研究 [J]. 甘肃水利水电技术，2022，58 (02)：19-21.

[131] 马金龙. 木钙改良黄土的工程性质及微观结构研究 [D]. 甘肃：兰州大学，2022.

[132] DEKKER L W，DOERR S H，OOSTINDIE K，et al. Water Repellency and Critical Soil Water Content in a Dune Sand [J]. Soil Science Society of America Journal，2001，65 (6).